款式丰富、花样缤纷、尺寸可调整

从领口往下编织的四季毛衫

日本宝库社　编著

蒋幼幼　译

河南科学技术出版社

· 郑州 ·

目录

菠萝花样套头长衫

朝下摆方向放大菠萝单元花样，最后呈现 A 字形款式。
如改用夏季线编织，也会是一件精美的夏季毛衫。

设计 / 河合真弓　制作 / 关谷幸子　用线 / 和麻纳卡 Exceed Wool FL〈粗〉

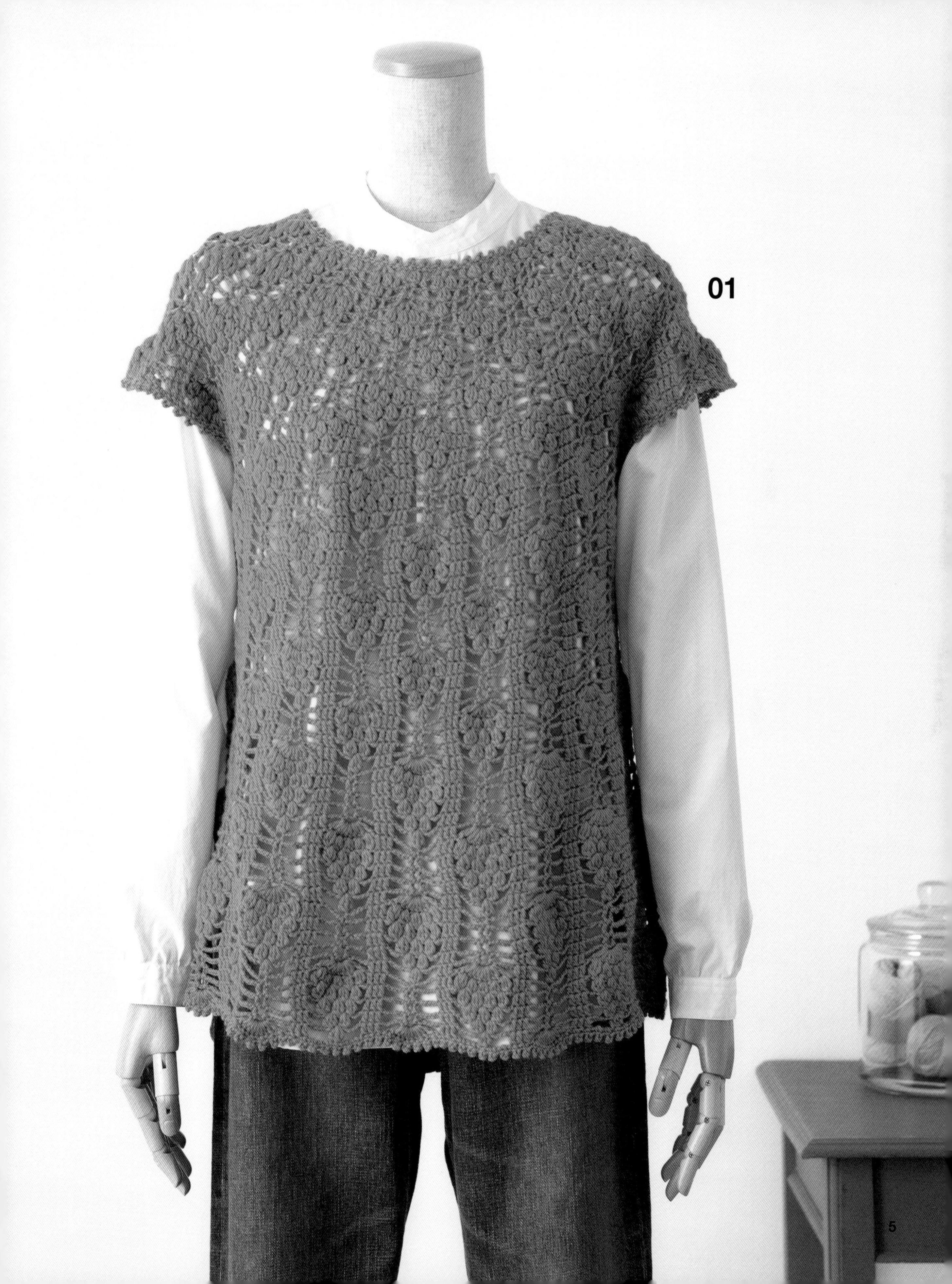
01

镂空花样圆育克开衫

沉稳耐看的渐变色为编织花样增添了阴影效果。
因为育克部位编织了不同的花样，
进而凸显了圆育克的新颖别致。

设计 / 岸 睦子　制作 / 志村真子
用线 / 钻石毛线　DIA Tasmanian Merino〈Nobby〉

02

 ▶ p.55

带装饰褶边的插肩袖开衫

下摆和袖口设计了丰富的褶边，
使这款开衫显得清丽典雅。
如果搭配得当，
还可以当作外套穿着。

设计／河合真弓　制作／松本良子
用线／和麻纳卡　Sonomono Suri Alpaca

03

04

灯笼袖圆育克毛衣

虽然整体上是小巧的扇形镂空花样，
但是育克、身片和袖子的花样有些许不同，细微之处彰显了精巧的设计。

设计 / 冈 真理子　制作 / 大西双叶
用线 / 钻石毛线 DIA Tasmanian Merino〈Fine〉

附编织步骤详解

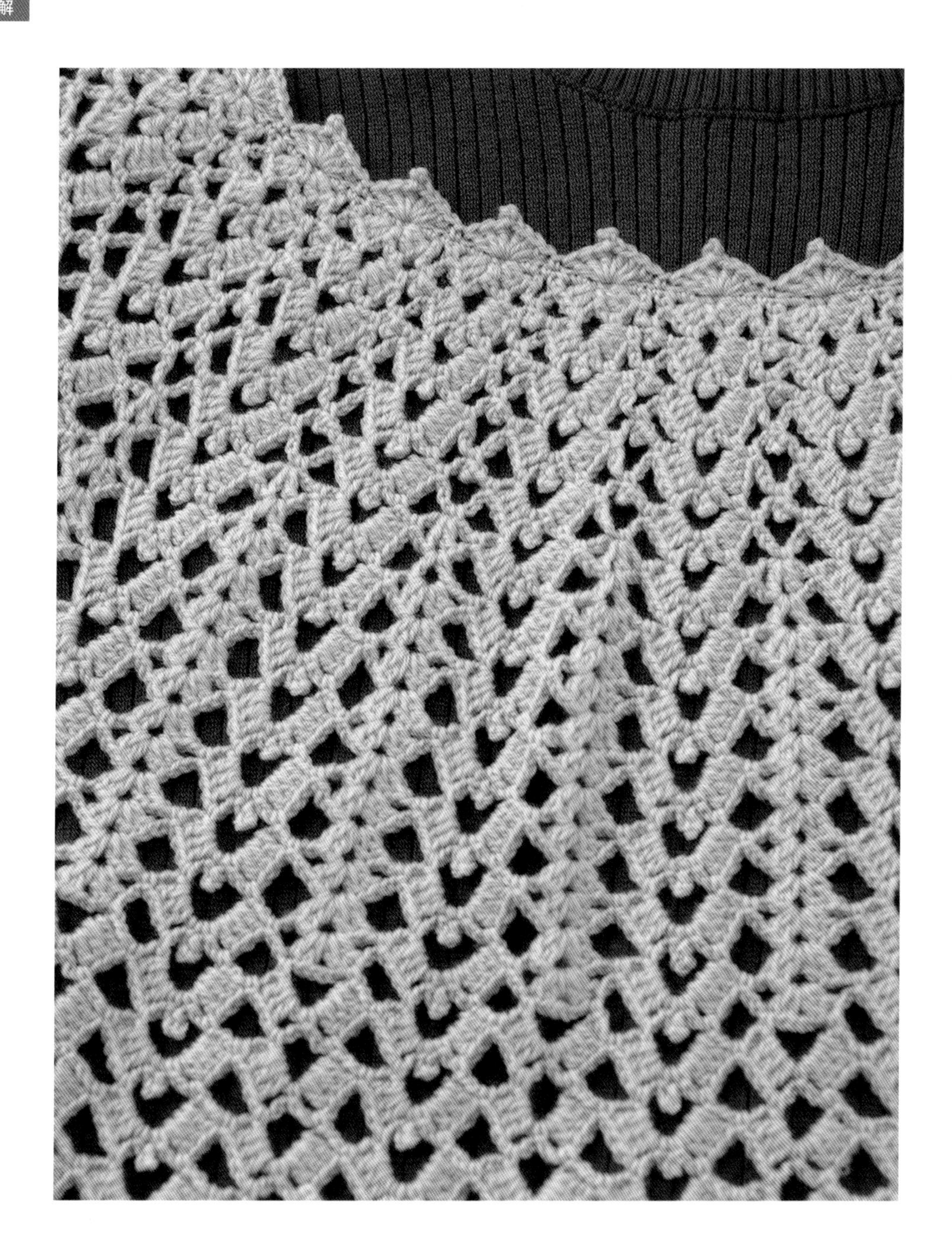

How to make a top-down sweater

钩针编织的圆育克毛衣

“从领口往下编织”的毛衣分为圆育克和插肩袖两种。
编织圆育克毛衣时，结合花样在整个育克部分均匀加针逐渐放大。
编织插肩袖毛衣时，在身片与袖子交界的插肩线位置加针，
呈四边形逐渐放大。
无论是圆育克还是插肩袖，编织要领都是相通的。

●毛衣的组成部分和名称

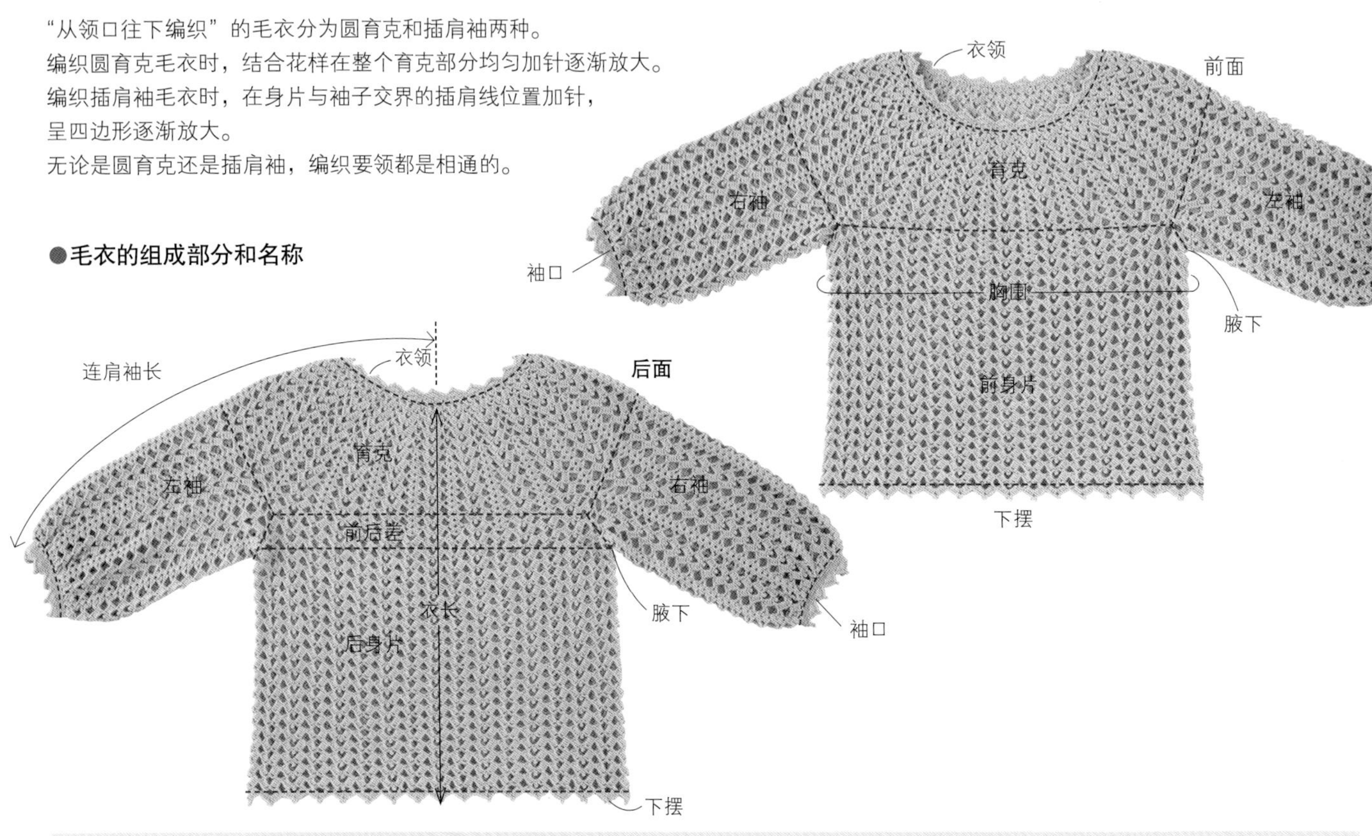

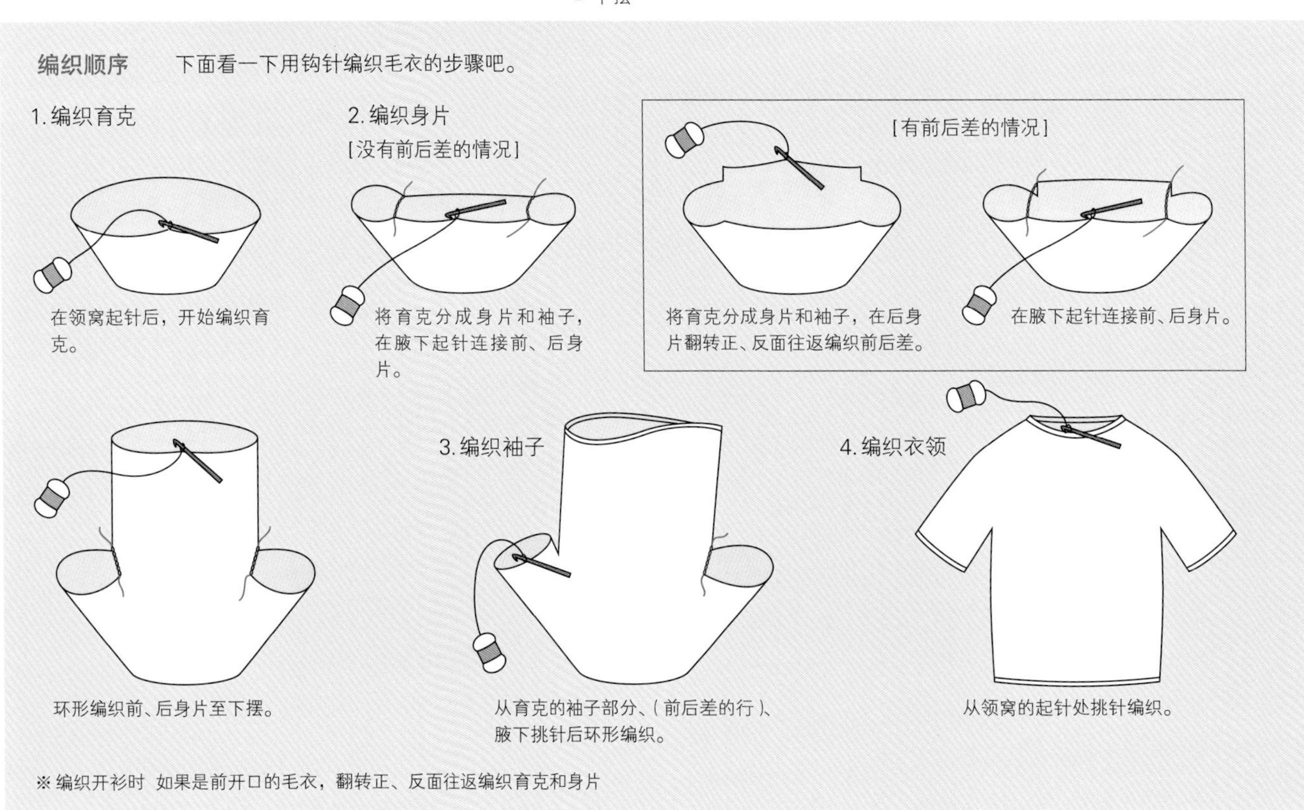

编织顺序　下面看一下用钩针编织毛衣的步骤吧。
1. 编织育克
在领窝起针后，开始编织育克。
2. 编织身片
[没有前后差的情况]
将育克分成身片和袖子，在腋下起针连接前、后身片。
[有前后差的情况]
将育克分成身片和袖子，在后身片翻转正、反面往返编织前后差。
在腋下起针连接前、后身片。
环形编织前、后身片至下摆。
3. 编织袖子
从育克的袖子部分、（前后差的行）、腋下挑针后环形编织。
4. 编织衣领
从领窝的起针处挑针编织。
※编织开衫时 如果是前开口的毛衣，翻转正、反面往返编织育克和身片

04 灯笼袖圆育克毛衣 图片 p.8

〈材料和工具〉

●用线　钻石毛线 DIA Tasmanian Merino〈Fine〉
米色（102）270g/8团
在编织步骤详解中使用绿色（106）

●用针　钩针4/0号

〈成品尺寸〉　胸围96cm，衣长53cm，连肩袖长58cm

●胸围　[后身片（腋下3cm+从育克挑针部分尺寸42cm+腋下3cm）+前身片（腋下3cm+从育克挑针部分尺寸42cm+腋下3cm）]=96cm

●衣长　[育克长17.5cm+前后差4.5cm+胁边长（29cm+2cm）]=53cm

●连肩袖长　[领口宽24cm÷2+育克长17.5cm+袖长（26cm+2.5cm）]=58cm

〈编织密度〉　编织花样B、C均为1个花样6cm，10cm12.5行

※表示编织花样的横向1个花样为6cm，纵向12.5行为10cm

〈编织要点〉　参照p.12的步骤编织。

编织花样B

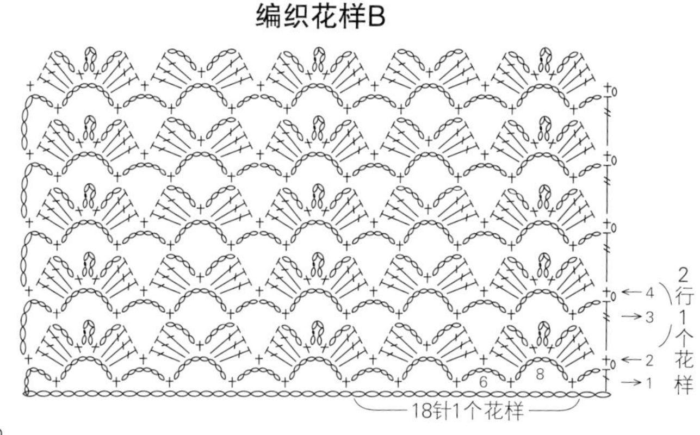

编织图的看法

因为是从领窝开始编织，所以按编织方向绘制的毛衣结构图是上下颠倒的。

（32花）挑针
（边缘编织A）
2　2行
96（16花）
前、后身片
（编织花样B）
29
36行
从前育克
42（7花）挑针
6行
6（18针、1花）起针
6
4.5
（18针、1花）起针
从后育克42（7花）挑针
（边缘编织B）
20
（63针、9花）挑针
42（7花）
从○
6（1花）挑针
左袖
（编织花样C）
从☆（1花）挑针
2.5
5行
26
32行
30
（5花）挑针
38.5（7花）
132（24花）
育克
（编织花样A）
27.5（5花）
27.5（5花）
从●
6（1花）挑针
右袖
（编织花样C）
从★（1花）挑针
30
（5花）挑针
26
32行
2.5
5行
65
（192针、24花）起针
17.5
23行
花＝个花样

编织密度的测量方法

编织密度表示针目的大小，为编织出标注尺寸提供参考。要想知道自己的织物是否符合标注的尺寸，首先按编织花样B翻转正、反面往返编织一块样片。样片的大小为15cm×15cm，然后测量一下密度，看看是否与作品的指定密度一致。

像长针或短针等针目排列整齐的花样，只要测量10cm内有几针几行即可。而针目组合比较复杂的花样，就要测量横向1个花样有几厘米，纵向10cm内有几行。

试编样片的针数和行数多于指定密度内的针数和行数时可以换成粗1号的针编织，少于指定密度内的针数和行数时可以换成细1号的针编织，按此要领进行适当调整。

※编织图中未标单位的尺寸均以厘米（cm）为单位

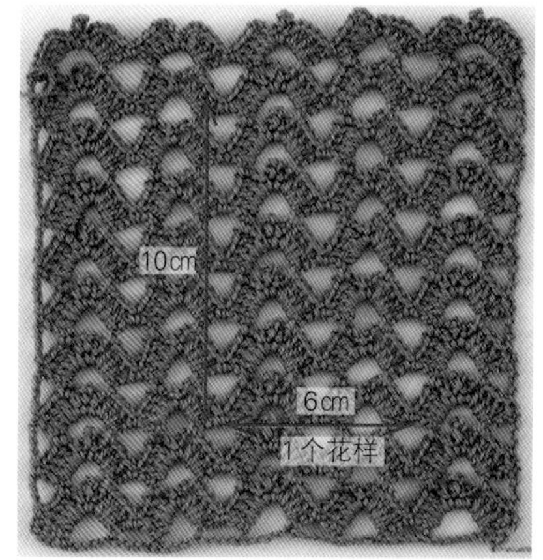

1 编织育克

● 在领窝起针

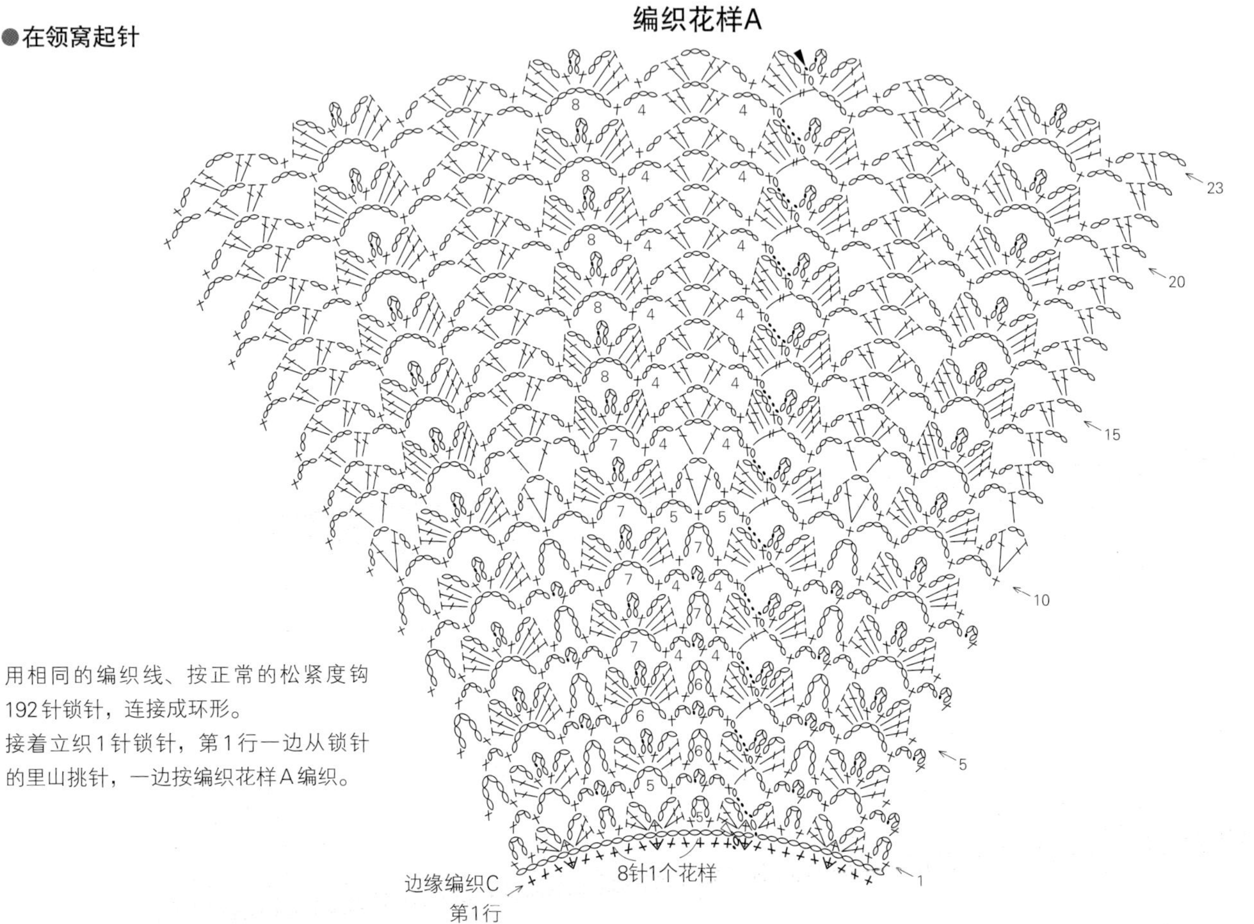

用相同的编织线、按正常的松紧度钩192针锁针，连接成环形。
接着立织1针锁针，第1行一边从锁针的里山挑针，一边按编织花样A编织。

锁针环形起针的方法

用相同的编织线钩织锁针并连接成环形，然后从锁针的里山挑针开始编织。
连接成环形时，使锁针的里山朝上排列，注意不要出现扭转。

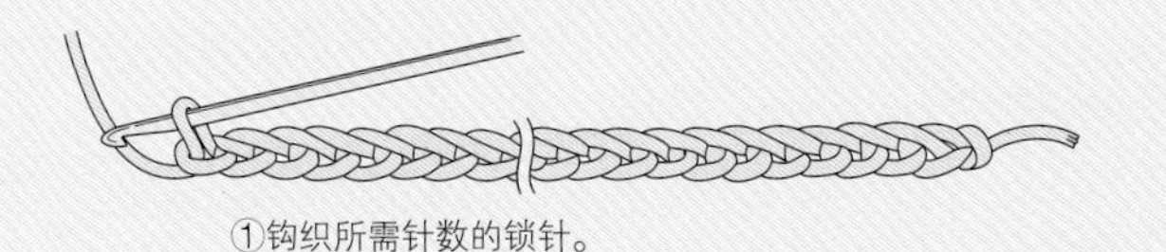

①钩织所需针数的锁针。

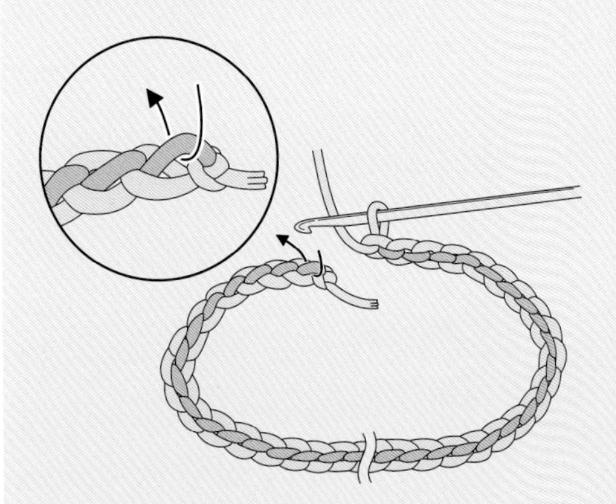

②在第1针锁针的里山插入钩针连接成环形。此时，注意锁针不要扭转。

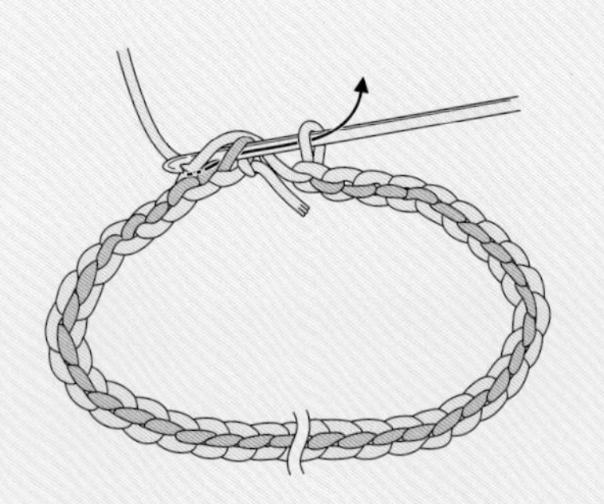

③挂线引拔。

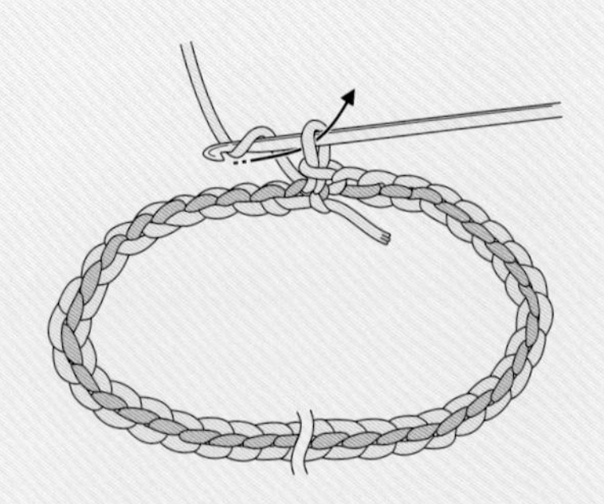

④钩1针立起的锁针。

●育克的编织花样

这个花样通过增加锁针和长针的针数，逐渐从小扇形变成大扇形。在每个花样里加针，整体就会均匀地放大。整个育克部分一共有24个花样。

〈实物大小〉

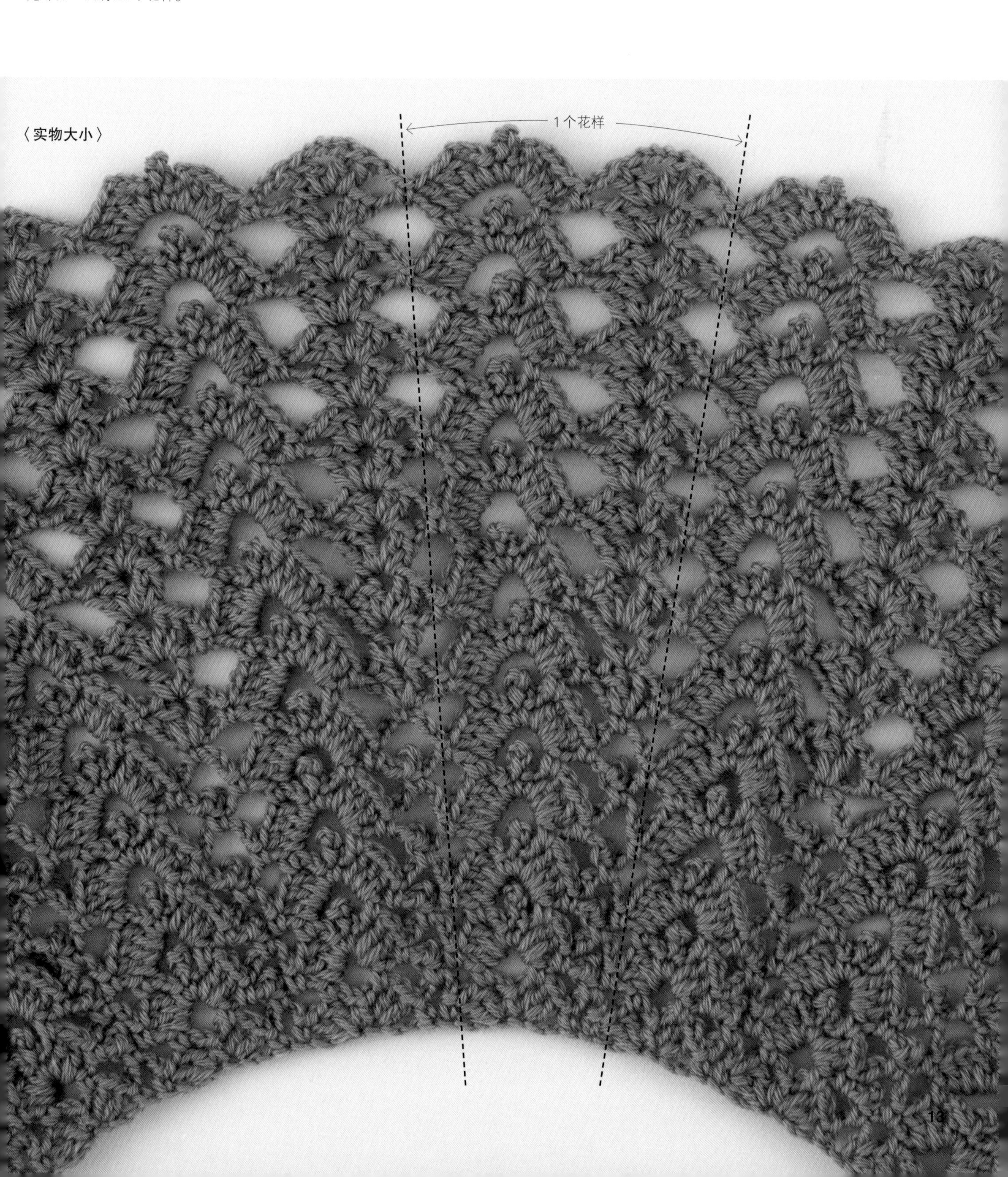

2 编织身片

育克部分编织结束后，将其分成身片和袖子。在育克的后身片部分翻转正、反面往返编织出前后差。
接着在胁部腋下钩锁针起针，按编织花样B环形编织前、后身片，最后按边缘编织A编织下摆。

●将育克分成身片和袖子

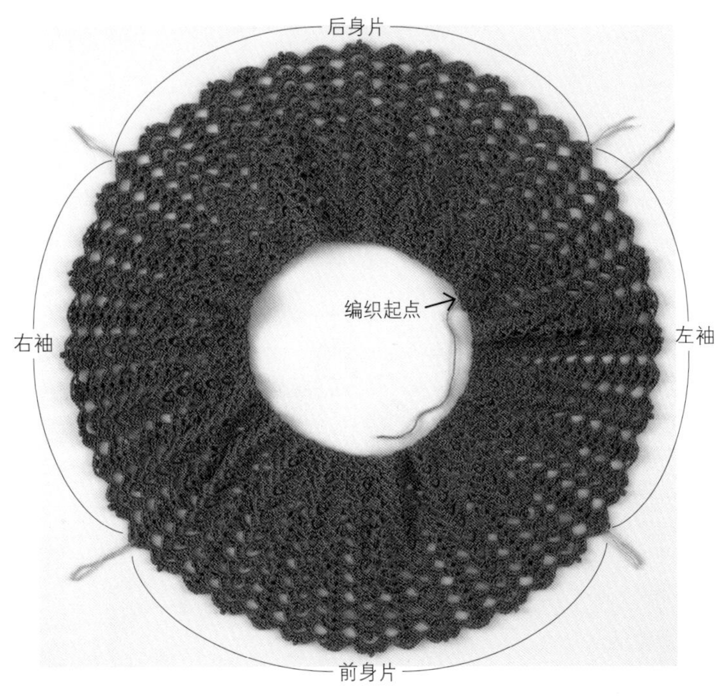

将育克的最后一行分成前身片、后身片、左袖和右袖共4个部分，在交界处用线做上标记。将起立针位置放在后身片与左袖的交界处附近。

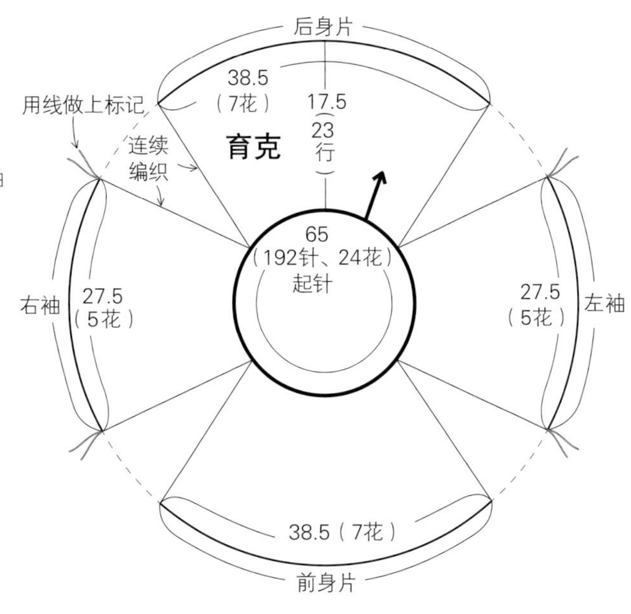

花=个花样

●后身片编织前后差

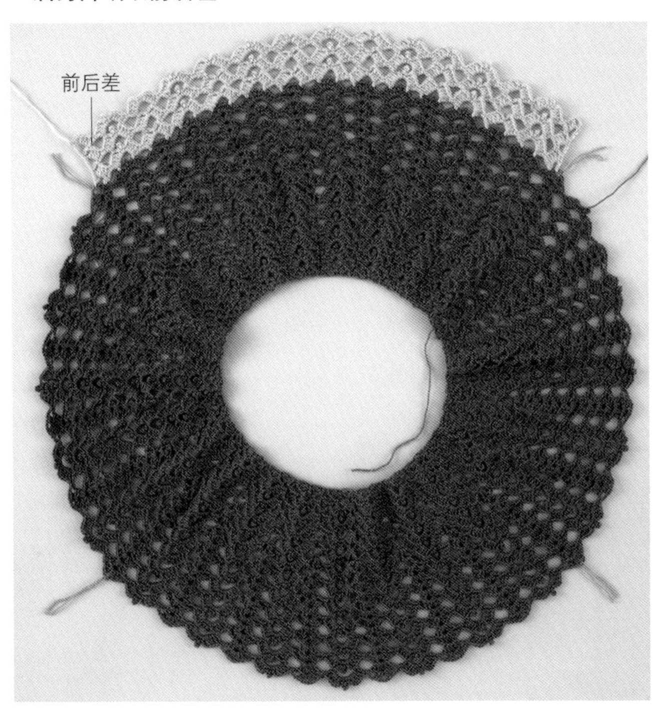

在育克加入新线，在后身片编织前后差。有了前后差，前领窝自然下降，就会更加合身，而且方便穿着。编织6行后将线剪断。
※为了便于理解，图片中使用了不同颜色的线编织

调整尺寸的要领

胸围尺寸…改变腋下的起针数进行调整。这件作品以花样为单位，如果在左右两侧各增加编织花样B的1个花样，那么1个花样是6cm，胸围就会放大约12cm。因为1个花样是18针，所以腋下的锁针加上18针就要起36针。
袖宽…因为袖子与身片一样挑针，所以袖窿也会放大1个花样约6cm。
衣长、袖长…编织花样B、C均为2行1个花样，可以以2行为单位进行调整。又因为12.5行是10cm，2行就是1.6cm，以此为单位可以调整至自己喜欢的长度。

●在腋下起针，编织身片

在前、后身片之间钩锁针起针作为腋下的针目，第1行就从此处挑针编织身片。从前、后身片各挑取7个花样，从左、右腋下各挑取1个花样，一共是16个花样编织36行。接着按边缘编织A编织下摆。

①右侧腋下在后身片前后差的指定位置加线，钩2针锁针、1针中长针、18针锁针，接着跳过袖子部分的5个花样，在前身片的边针上做引拔连接。

※参照p.16右袖的挑针方法示意图

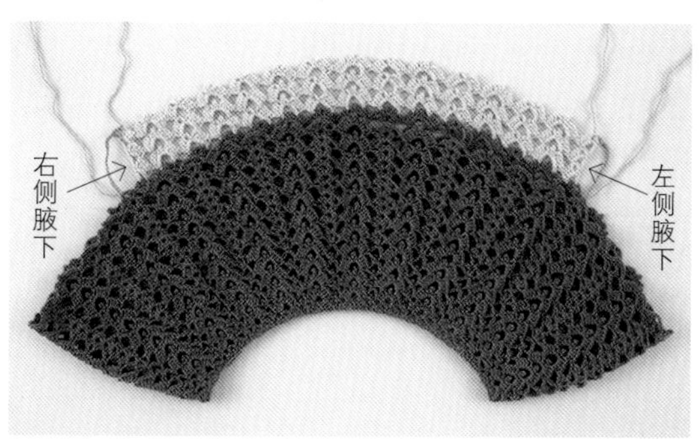

左、右两侧的腋下起针后的状态。

※图片中使用了不同的线编织

②左侧腋下在前身片加线开始钩织，在前后差上引拔后将线剪断。

※参照p.16左袖的挑针方法示意图

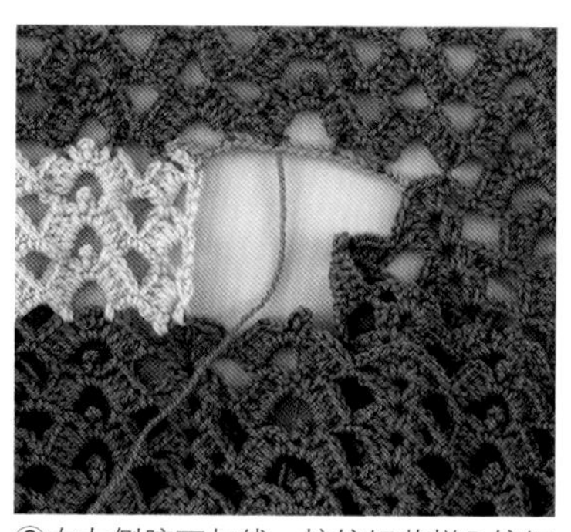

③在左侧腋下加线，按编织花样B编织身片。腋下的锁针部分是在半针和里山挑针，编织1个花样。

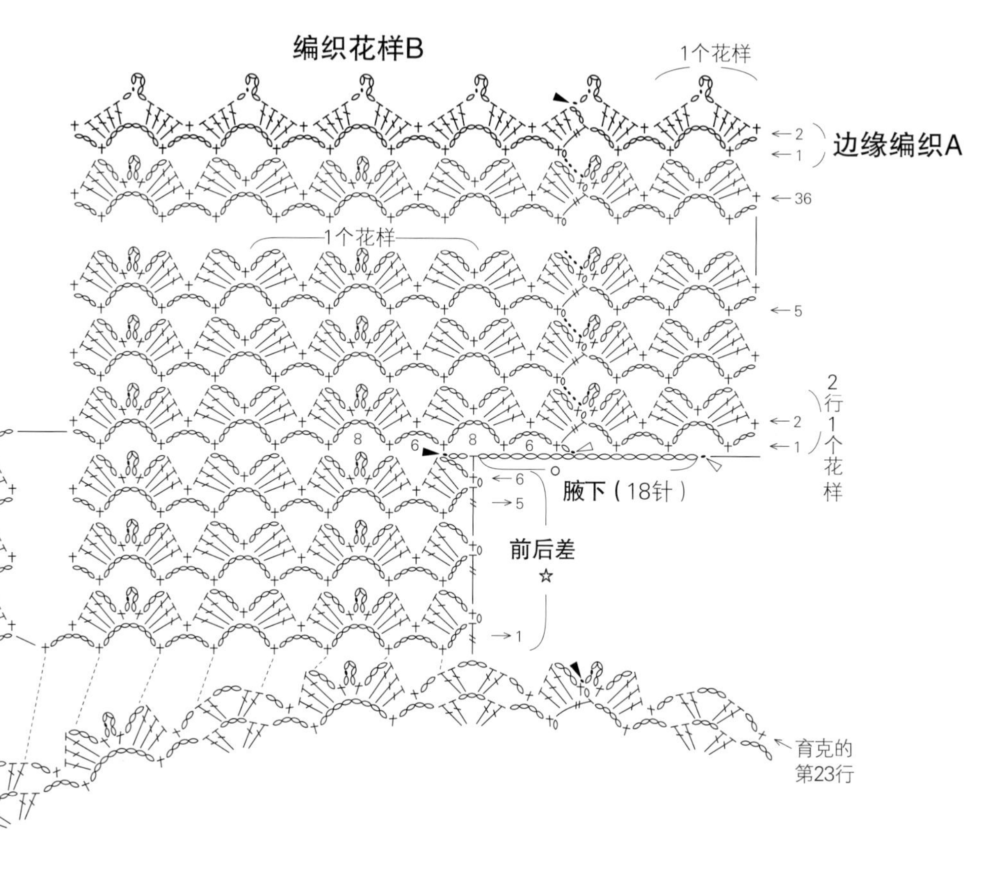

3 编织袖子

从育克的袖子部分、前后差的行、腋下部分身片的另一侧挑针，开始编织袖子。

前后差部分的尺寸会加在后身片一侧的袖宽上。袖口部分按边缘编织B接着编织。

●从腋下和前后差上挑针

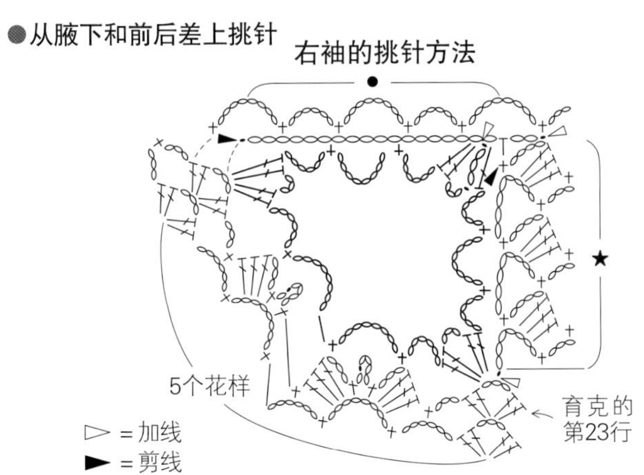

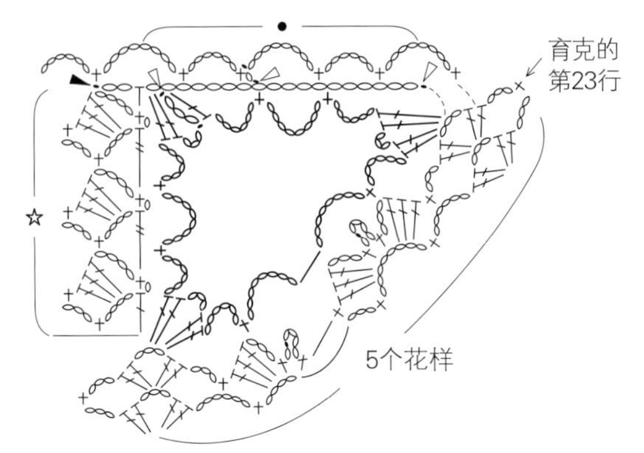

●右袖

①腋下的锁针部分是整段挑针钩织。首先在与前后差交界处的腋下加线。

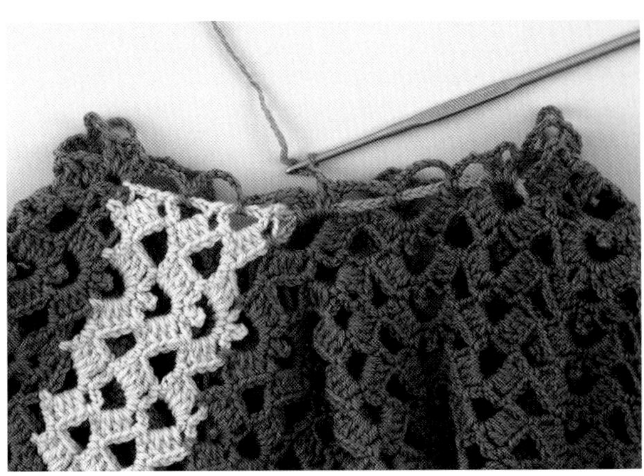

②立织3针锁针，接着按编织花样C从前后差上挑取1个花样，从育克上挑取5个花样，从腋下挑取1个花样，编织第1行。

③环形编织10行后的状态。

●左袖

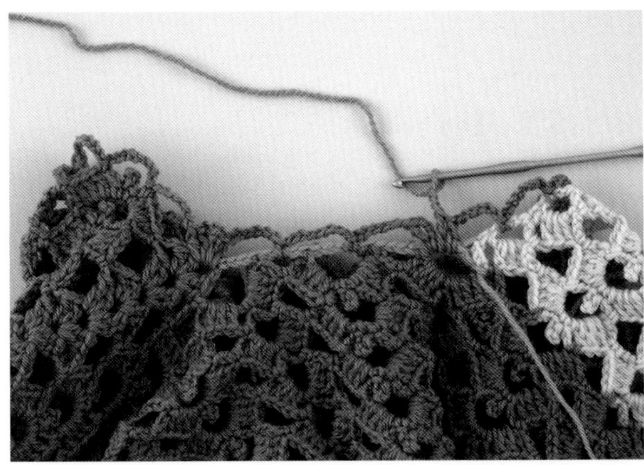

按与右袖相同的要领，首先在与前后差交界处的腋下加线，接着从腋下挑取1个花样，从育克上挑取5个花样，从前后差上挑取1个花样，进行环形编织。

编织花样C

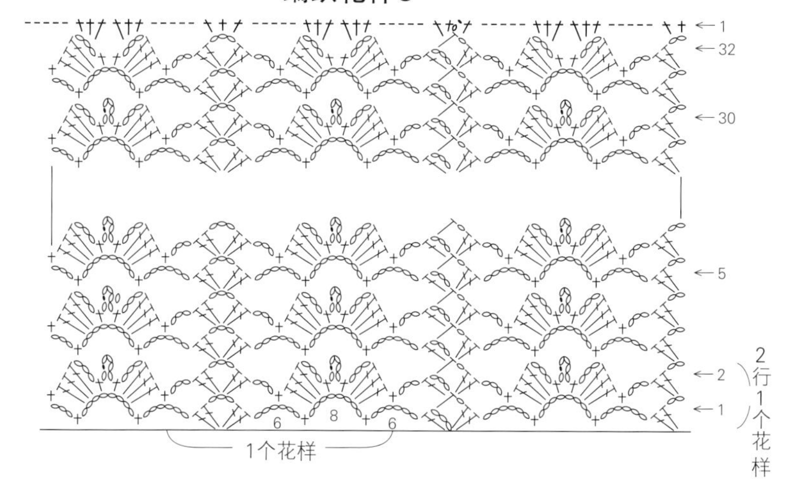

●袖口

边缘编织B

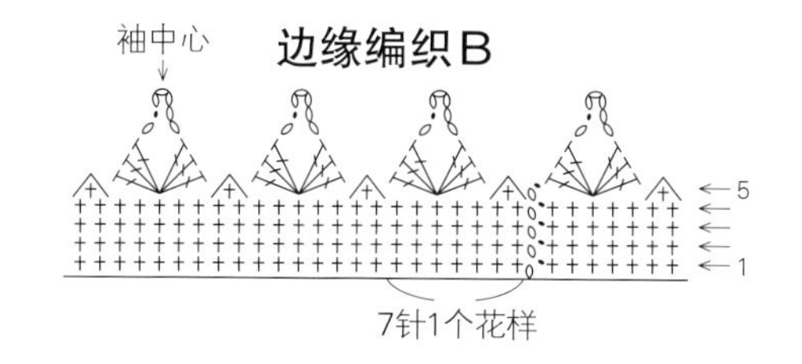

在前一行的锁针上整段挑针钩织。

4 编织衣领

从领窝的起针处挑针，按边缘编织C编织。
在左后身片加线开始编织，可以完整挑起锁针的地方进行整段挑针钩织。

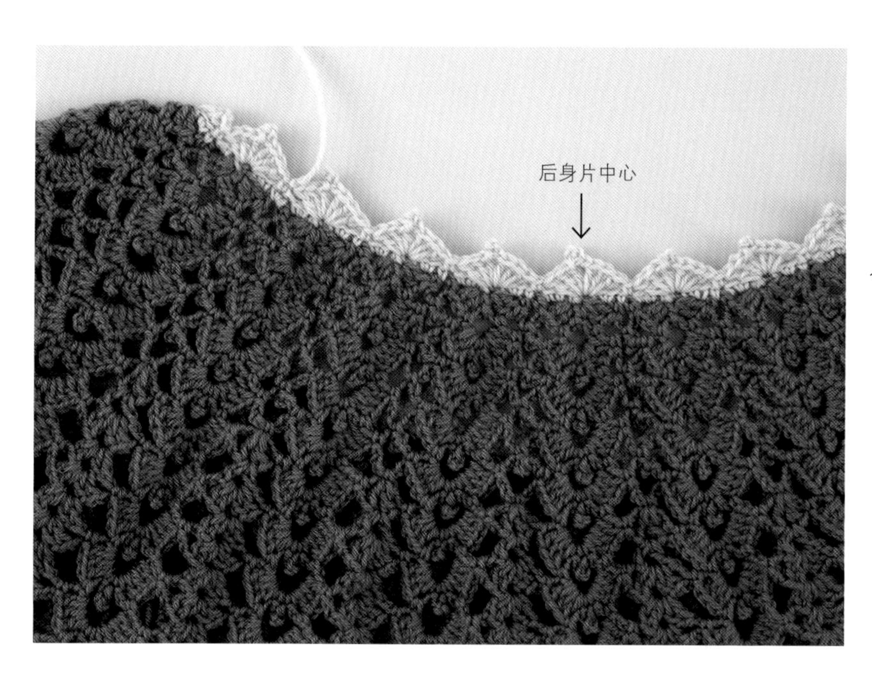

衣领（边缘编织C）

24
1.5 2行
（-48针）
（144针、24个花样）挑针

边缘编织C

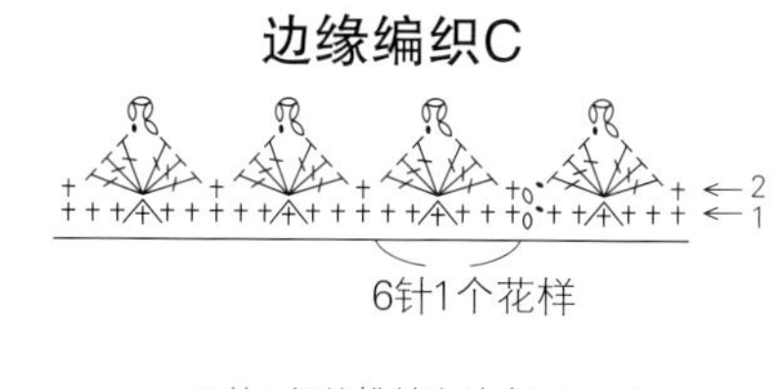

※第1行的挑针方法参照p.12

制作方法 ▶ p.60

高领插肩袖毛衣

育克部位的条状镂空花样增添了温婉气息。
将衣领外翻，更加给人一种柔美的印象。

设计 / 柴田 淳　用线 / 芭贝 New 4PLY

05

阿兰花样开衩半身裙

在长针基础上钩织交叉拉针，
编织出了阿兰花样。
这是一款略呈 A 字形的半身裙，
两侧的开衩设计更加方便行走。

设计 / 武田敦子　制作 / 饭塚静代
用线 / DARUMA Shetland Wool

06

07

棒针编织　秋冬款　制作方法 ▶ p.66

阿兰花样喇叭裙

这是一款从腰部往下环形编织的半身裙，
搭配了菱形和生命之树的阿兰花样。
上下颠倒的生命之树宛如在向大地深处扎根。

设计 / 岸 睦子　制作 / 佐野由纪子
用线 / 芭贝 Queen Anny

08

阿兰花样插肩袖开衫

这款开衫组合了阿兰花样的蜂巢和几种麻花图案。
宽松舒适的七分袖设计非常方便穿着。

设计／冈 真理子　制作／宫崎裕子　用线／ DARUMA Airy Wool Alpaca

制作方法 ▶ p.62

配色花样圆育克毛衣

瑞典布胡斯编织风格的配色花样透着一股复古气息。
因为是环形编织的毛衣，所以配色花样也很容易编织。

设计／柴田 淳　用线／钻石毛线 DIA Tasmanian Merino

09

10

棒针编织　秋冬款　制作方法 ▶ p.74

阿兰花样 V 领毛衣

这是一款用美利奴羊毛编织的毛衣，将原版设计中的短袖改成了长袖。在边缘的罗纹针中加入了麻花花样，也体现了编织者对阿兰花样的熟练应用。

设计 / 林 久仁子　改编、制作 / 冈田昌子
用线 / 芭贝 Alba

11

棒针编织　秋冬款　制作方法 ▶ p.51

镂空花样圆育克毛衣

与 p.39 的夏季款毛衫相比，只是袖子的设计不同。
这款作品将短袖改成了七分的灯笼袖。
用马海毛和真丝混纺的羊毛线材也使作品更加轻柔。

设计／冈本启子　用线／芭贝 Boboli

How to make a top-down sweater

棒针编织的圆育克毛衣

“从领口往下编织”的毛衣分为圆育克和插肩袖两种。
编织圆育克毛衣时，结合花样在整个育克部分均匀加针逐渐放大。
编织插肩袖毛衣时，在身片与袖子交界的插肩线位置加针，呈四边形逐渐放大。
无论是圆育克还是插肩袖，编织要领都是相通的。

●毛衣的组成部分和名称

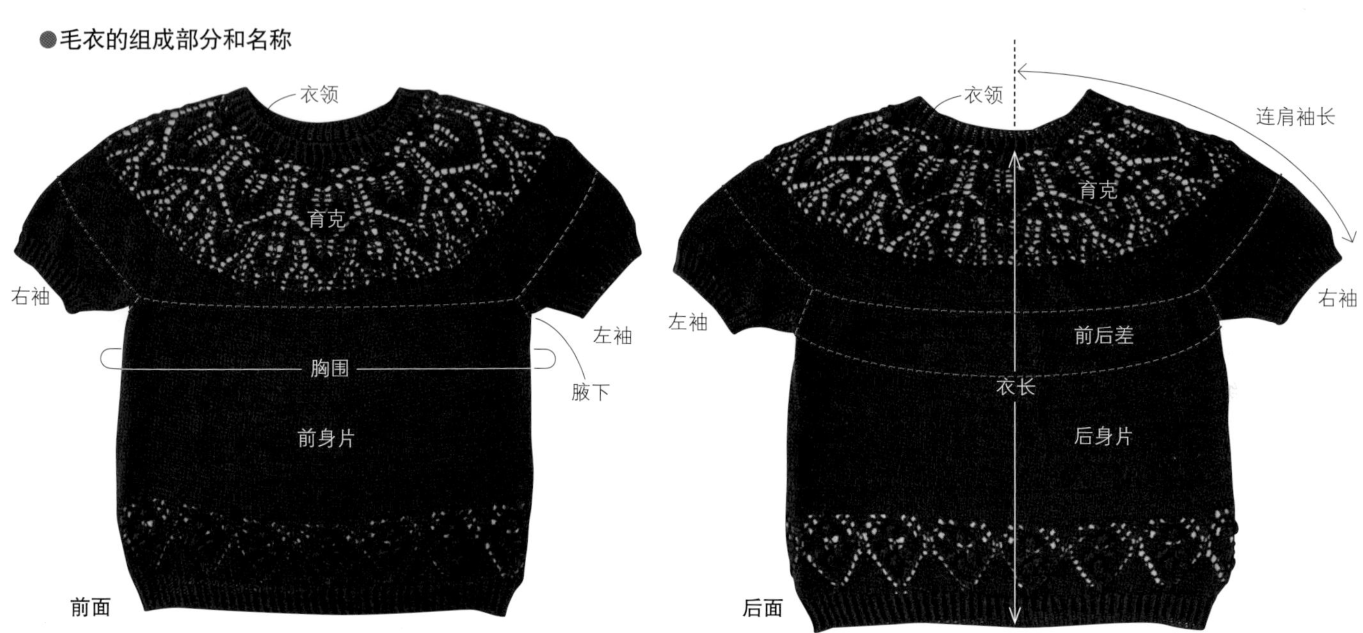

编织顺序　下面看一下用棒针编织毛衣的步骤吧。
1.编织育克
在领窝起针，用环针或者4根一组的棒针环形编织育克部分。
2.编织身片
将育克分成前身片、后身片、左袖和右袖，接着在后身片翻转正、反面往返编织前后差。
[没有前后差的情况] 将育克分成身片和袖子后马上进入下个步骤。
用另外的线在腋下起针，连接前、后身片。
从前、后身片以及腋下起针处挑针，编织至下摆。
3.编织袖子
袖子从育克的休针部分、(前后差的行)、腋下挑针编织。
4.编织衣领
衣领从领窝挑针编织。至此，一件毛衣就完成了。
※编织开衫时 如果是前开口的毛衣，翻转正、反面往返编织育克和身片，袖子部分环形编织。最后编织衣领和前门襟后就完成了

12 镂空花样半袖圆育克毛衣 图片 p.39

〈材料和工具〉

●用线　　和麻纳卡 Wash Cotton 黑色（13）270g/7团
　　　　在编织步骤详解中使用灰色线

●针　　　棒针6号、4号，钩针6/0号

※如果用环针编织，根据编织尺寸灵活使用40cm、60cm、80cm左右的环针。如果用棒针编织，请使用没有堵头的4根一组的棒针。使用棒针时可以无须考虑编织尺寸。无论是环针还是棒针都可以编织，选择使用起来得心应手的针具即可

〈成品尺寸〉 胸围92cm，衣长51.5cm，连肩袖长37.5cm

●胸围　　[后身片（腋下2cm+从育克挑针部分尺寸42cm+腋下2cm）+前身片（腋下2cm+从育克挑针部分尺寸42cm+腋下2cm）]=92cm

●衣长　　[育克长（14.5cm+7cm）+前后差3cm +胁边长（16.5cm+7.5cm+3cm）]=51.5cm

●连肩袖长 [领口宽20cm÷2+育克长（14.5cm+7cm）+袖长（3.5cm+2.5cm）]=37.5cm

〈编织密度〉10cm×10cm面积内：下针编织21针，29行；编织花样A 10cm21针，42行14.5cm

※表示下针编织部分在10cm内横向有21针，纵向有29行；编织花样A部分在10cm内有21针，育克部分的42行有14.5cm

〈编织要点〉

参照p.30的步骤编织。

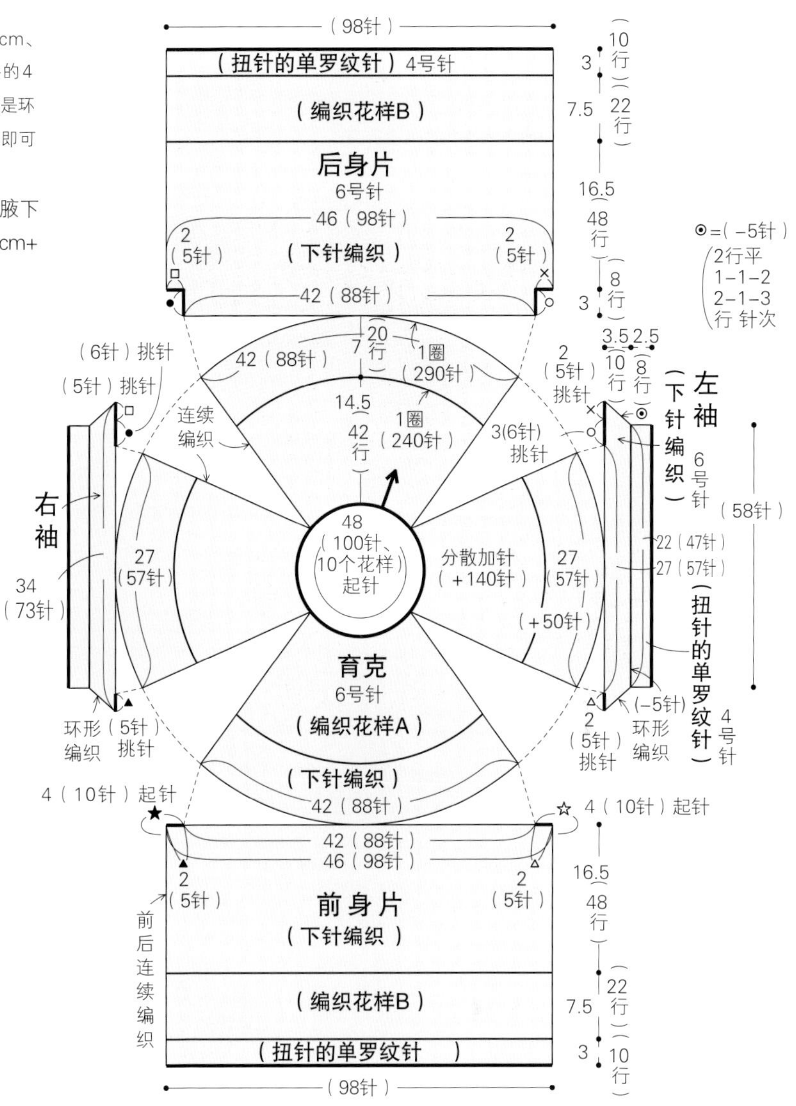

编织图的看法

编织图的绘制是以编织起点的育克为中心，分别向前身片、后身片、左袖和右袖展开。

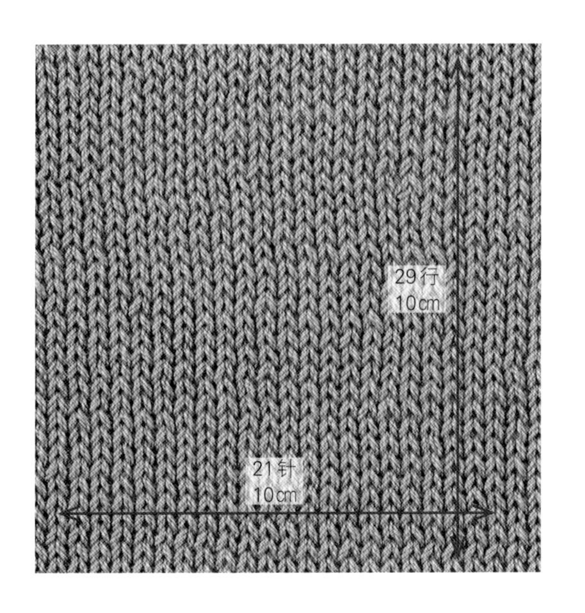

编织密度的测量方法

编织密度表示针目的大小，为编织出标注尺寸提供参考。要想知道自己的织物是否符合标注的尺寸，首先翻转正、反面往返编织一块样片，练习的同时可以记住花样的编织方法。用作品指定的6号针编织15cm×15cm的下针样片，然后测量一下密度，看看是否与作品的指定密度一致。先将样片上下左右拉伸一下，使针目平整后再测量中心部分。

试编样片的针数和行数多于指定密度内的针数和行数时，表示针目太紧密了，可以换成粗1号的针编织；当样片的针数和行数少于指定密度内的针数和行数时，表示针目太松了，可以换成细1号的针编织，按此要领进行适当调整。

●花样符号图的看法

接下来试着编织育克部分的花样吧。

花样符号图表示的都是从正面看到的状态。

环形编织时，因为总是看着正面编织，所以按符号所示针法编织即可。但是像开衫等作品需要翻转正、反面往返编织时，看着反面编织的行并不是按符号图直接编织，而是编织后要使其从正面看与符号图一致。也就是说，下针符号时编织上针，上针符号时编织下针。

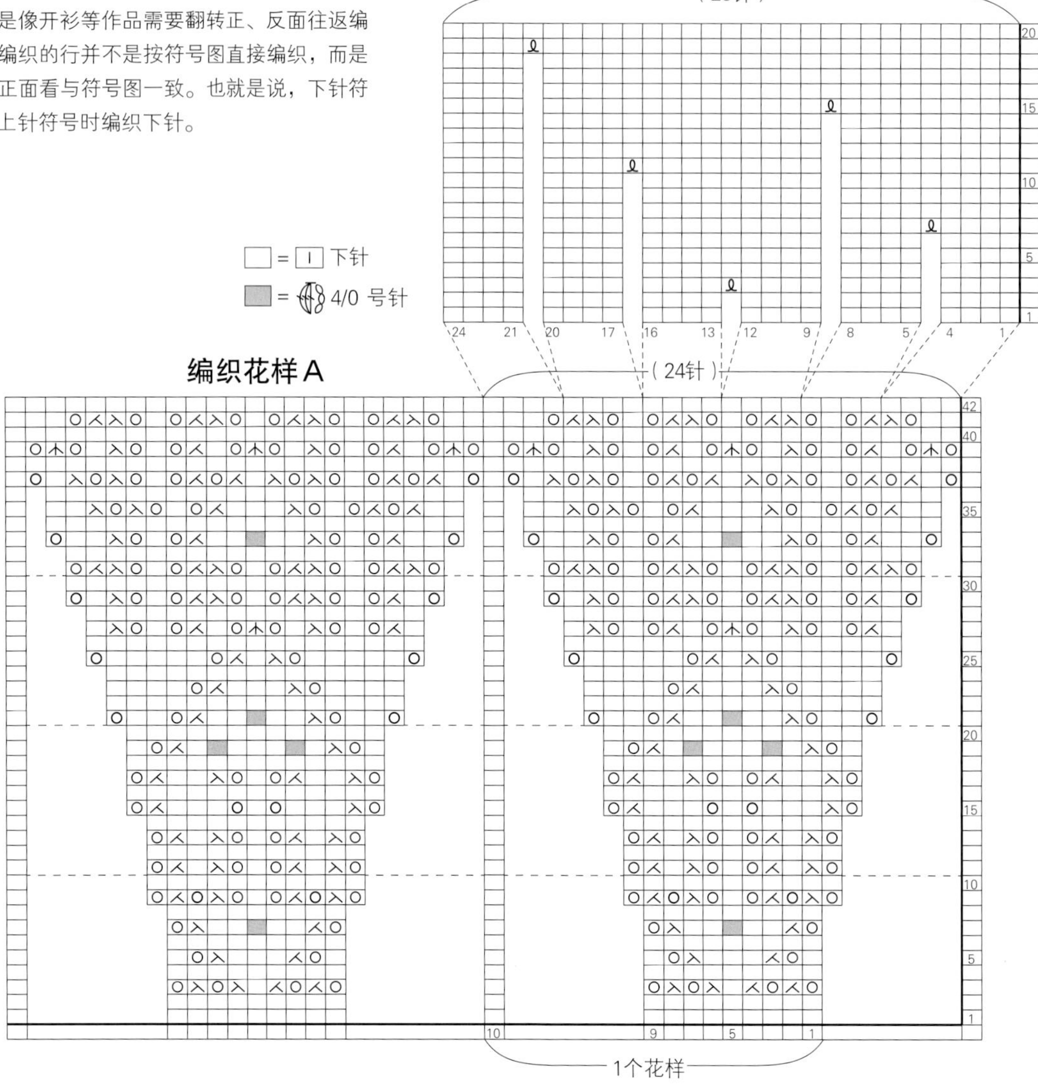

3 针长针的枣形针

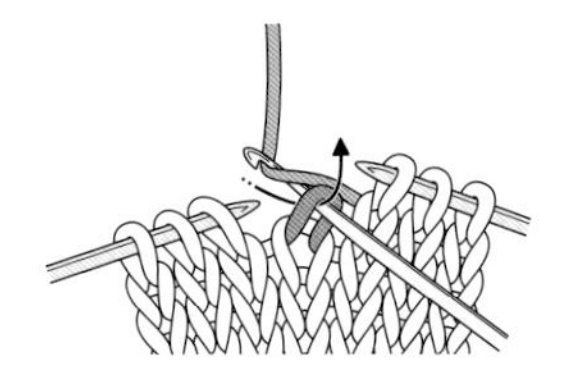

①从前面插入钩针，如箭头所示挂线后拉出，接着钩3针锁针。

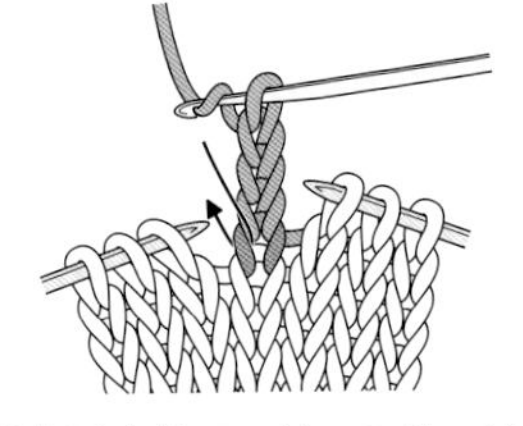

②在刚才的同一针目里钩3针未完成的长针。

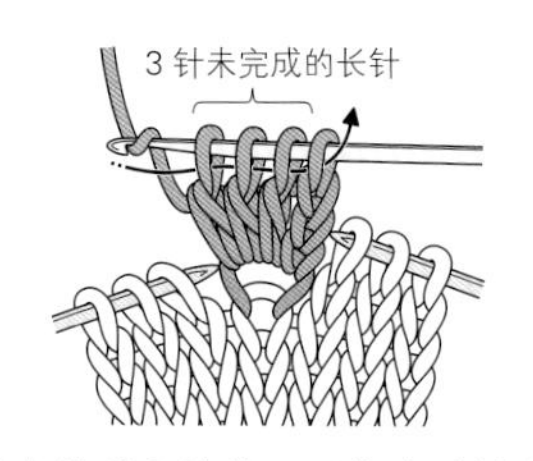

③在钩针上挂线，引拔穿过针上的所有线圈，再将该针目移至右针上。

为了熟悉花样，请编织2个花样左右。按花样符号图编织，就会慢慢了解花样的变化以及放大的方法。编织花样部分做挂针加针，下针编织部分做扭针加针。图片为实物大小，可以将试编的样片放在上面进行比较。

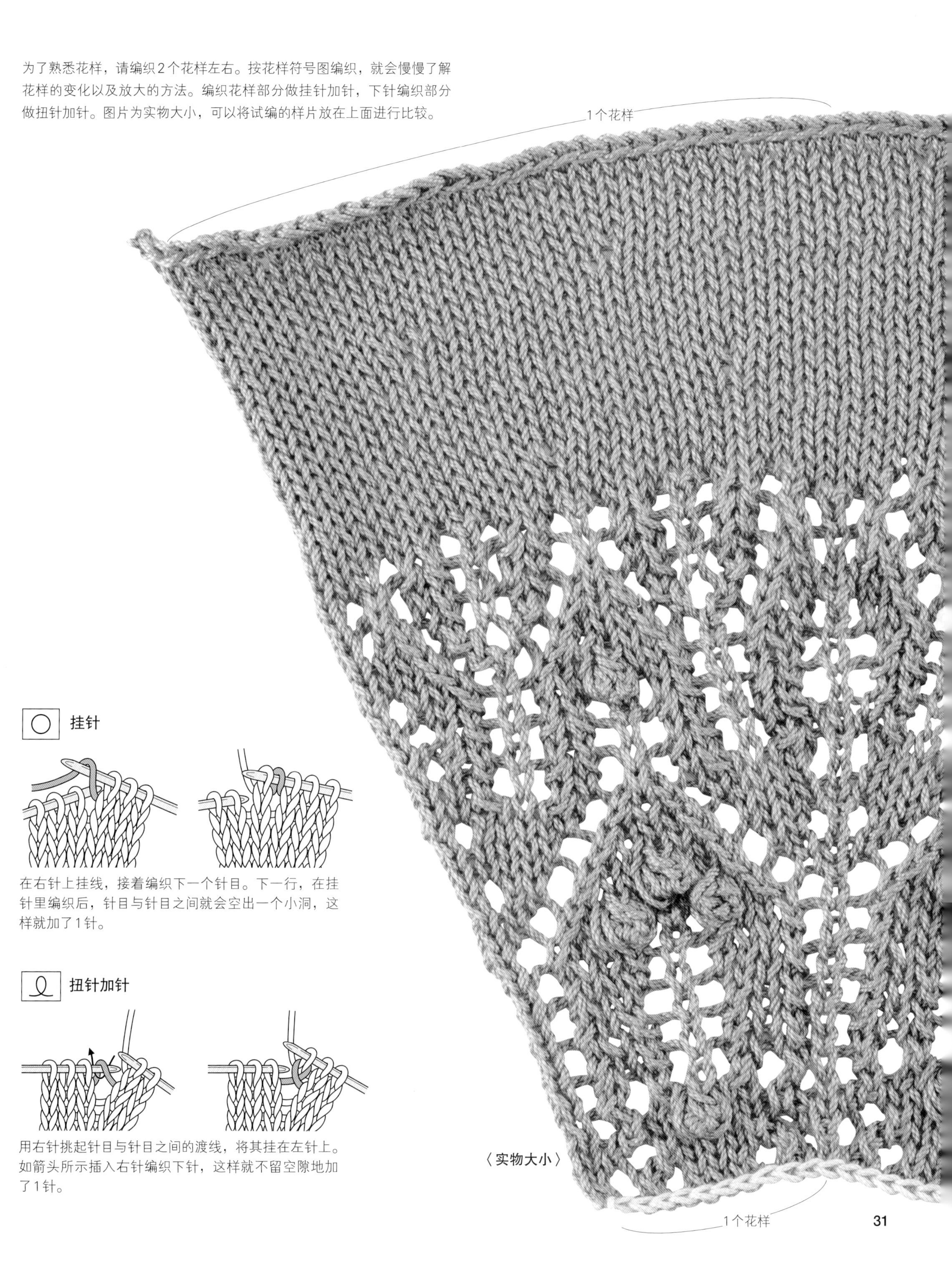

○ 挂针

在右针上挂线，接着编织下一个针目。下一行，在挂针里编织后，针目与针目之间就会空出一个小洞，这样就加了1针。

扭针加针

用右针挑起针目与针目之间的渡线，将其挂在左针上。如箭头所示插入右针编织下针，这样就不留空隙地加了1针。

1 编织育克

●在领窝用另线锁针起针

因为后面要解开起针编织衣领，所以采用另线锁针起针的方法开始编织。
另线锁针用比棒针粗一点的钩针钩织，或者有意识地钩松一点。为了放心起见，最好比所需针数多起几针。
这件作品中，使用钩织枣形针的6/0号针松松地起针。

●环形编织

①从锁针的编织终点开始，在锁针的里山插入针头，一针一针地挂线拉出。

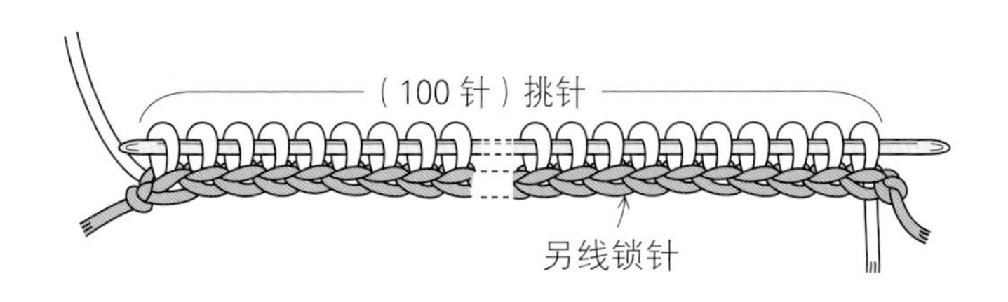

②在40cm长的环针或者3根棒针上挑取100针。从另线锁针上挑出的针目就是第1行。编织第2行前，确认一下起针行是否发生扭转，再进行环形编织。

③环形编织时，编织起点位置容易弄错，所以要在换行的交界处放入针数记号圈等用作标记。

④每行编织结束时，将记号圈移至右针上。

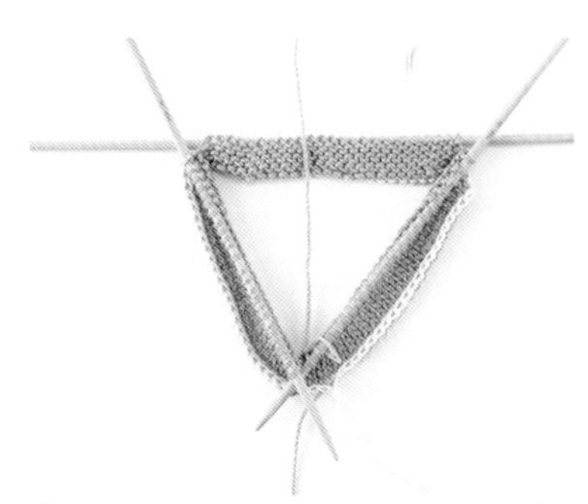

⑤记号圈如果放在针头上很容易脱落，所以将行的交界处从边上向内移进2针左右。 ※此处省略了编织花样

⑥一边加针一边按编织花样A和下针编织，育克部分就完成了。图片中穿在针目里的是80cm长的环针。

一般情况下，环针比编织尺寸还要长时无法使用，太短了又很不方便。所以，每当针上挂满针目时，就换成更长的环针继续编织。

2 编织身片

育克部分编织结束后，将其分成身片和袖子。在育克的后身片部分翻转正、反面往返编织出前后差。
接着在肋部腋下另线锁针起针，按下针和编织花样B环形编织前、后身片。
最后按扭针的单罗纹针编织下摆。

●将育克分成身片和袖子

将育克的最后一行分成前身片、后身片、左袖和右袖4个部分。将换行位置放在后身片与左袖的交界处附近。在左袖和右袖的针目分别穿入另线，休针备用。

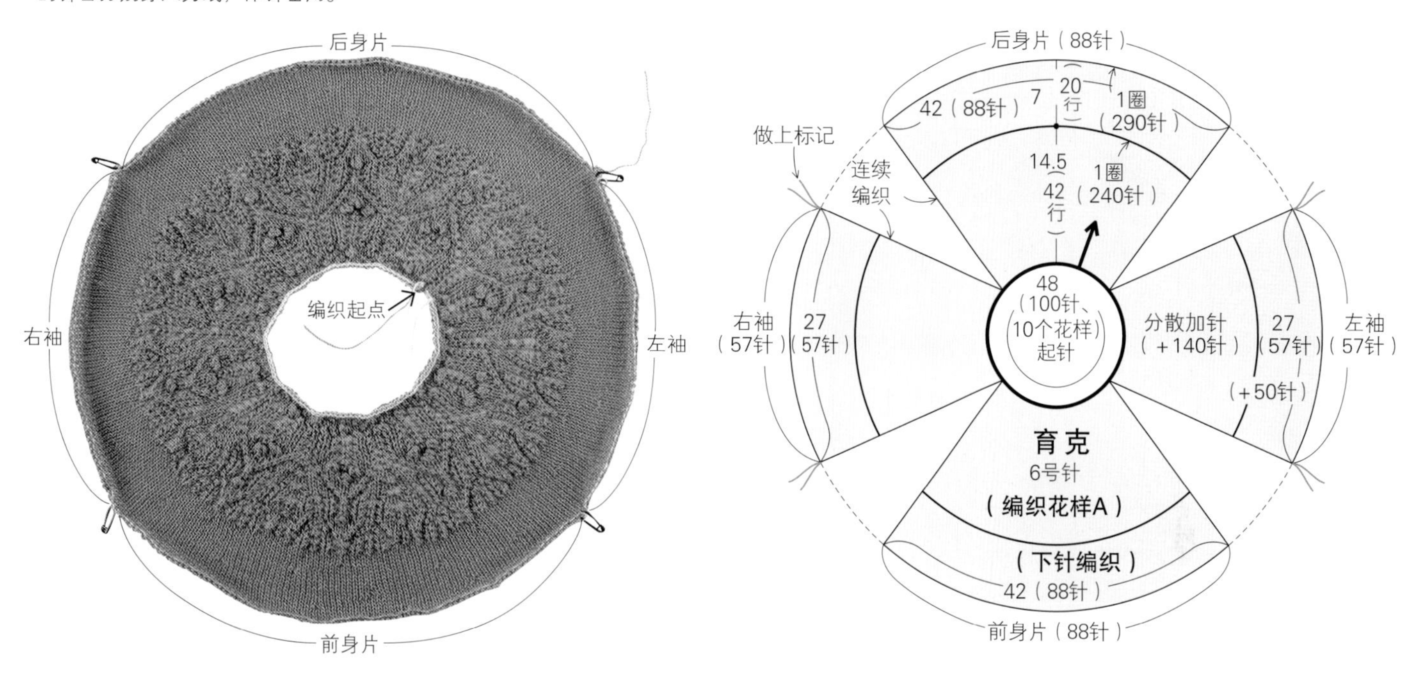

●在后身片编织前后差

从育克接着在后身片编织前后差。有了前后差，前领窝自然下降，就会更加合身，而且方便穿着。翻转正、反面往返编织88针8行后，无须断线，接着编织身片部分。

※为了便于理解，图片中使用了不同颜色的线和带堵头的棒针编织

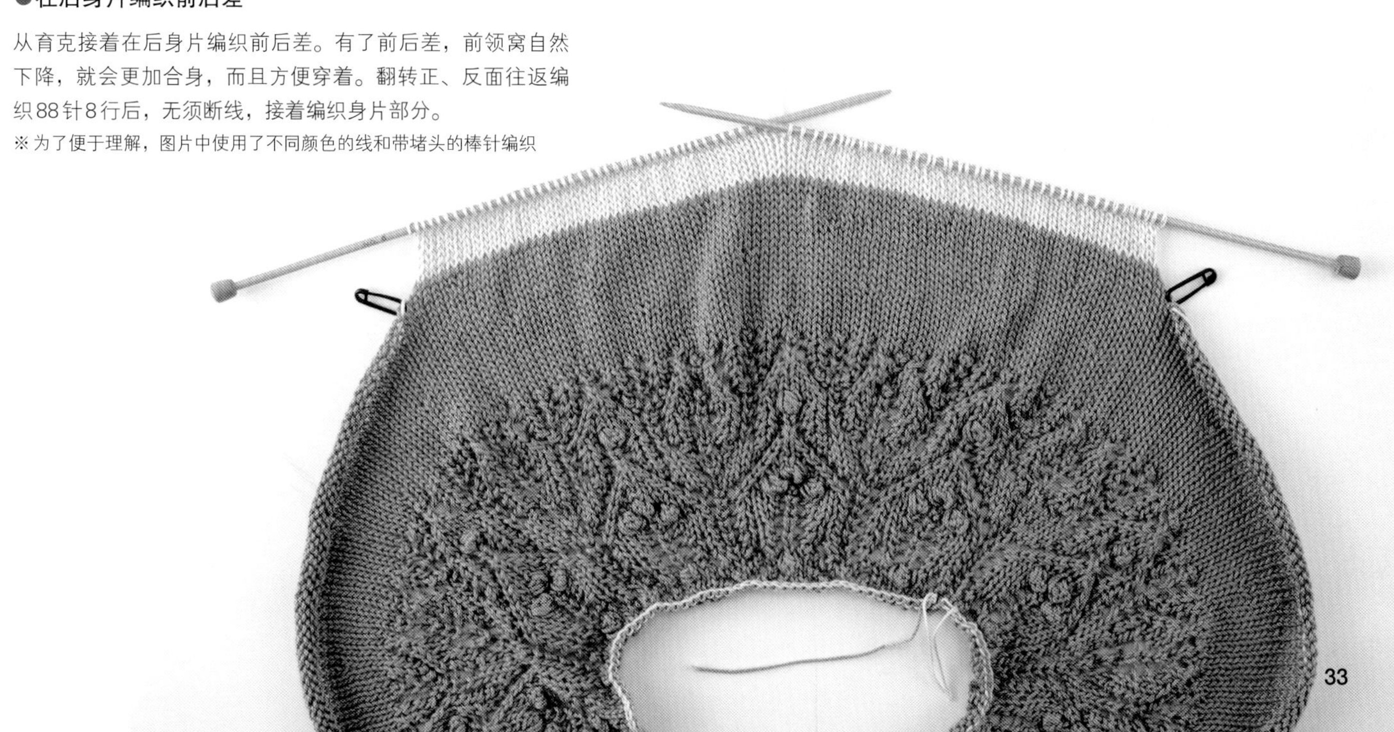

●在腋下起针，编织身片

在前、后身片之间起针作为腋下的针目，连接成环形后编织身片。准备2条10针的另线锁针。

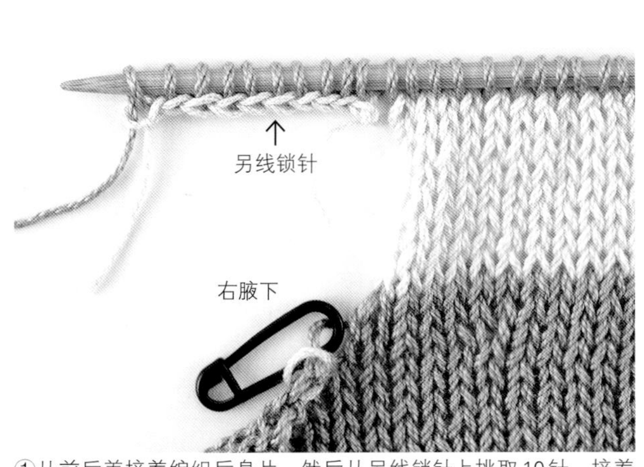

①从前后差接着编织后身片，然后从另线锁针上挑取10针。接着编织前身片。

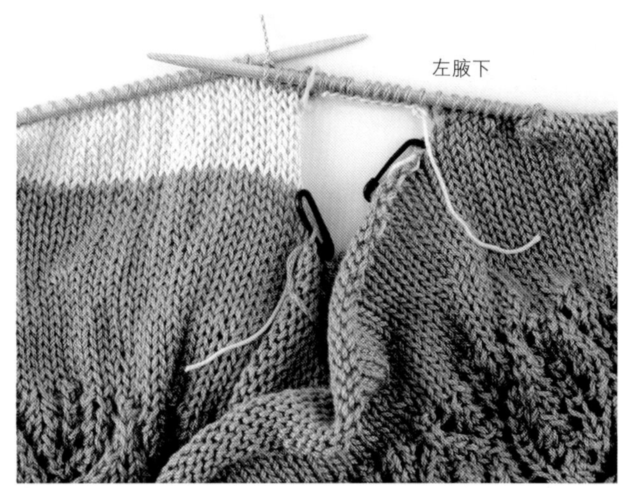

②前身片针目编织结束后，接着从另一条另线锁针上挑取左侧腋下的针目。身片的第1行就完成了，因为到了换行位置，所以放入记号圈用作标记。

③前、后身片一共196针，环形编织48行下针。第48行剩下5针不织，开始按编织花样B编织。

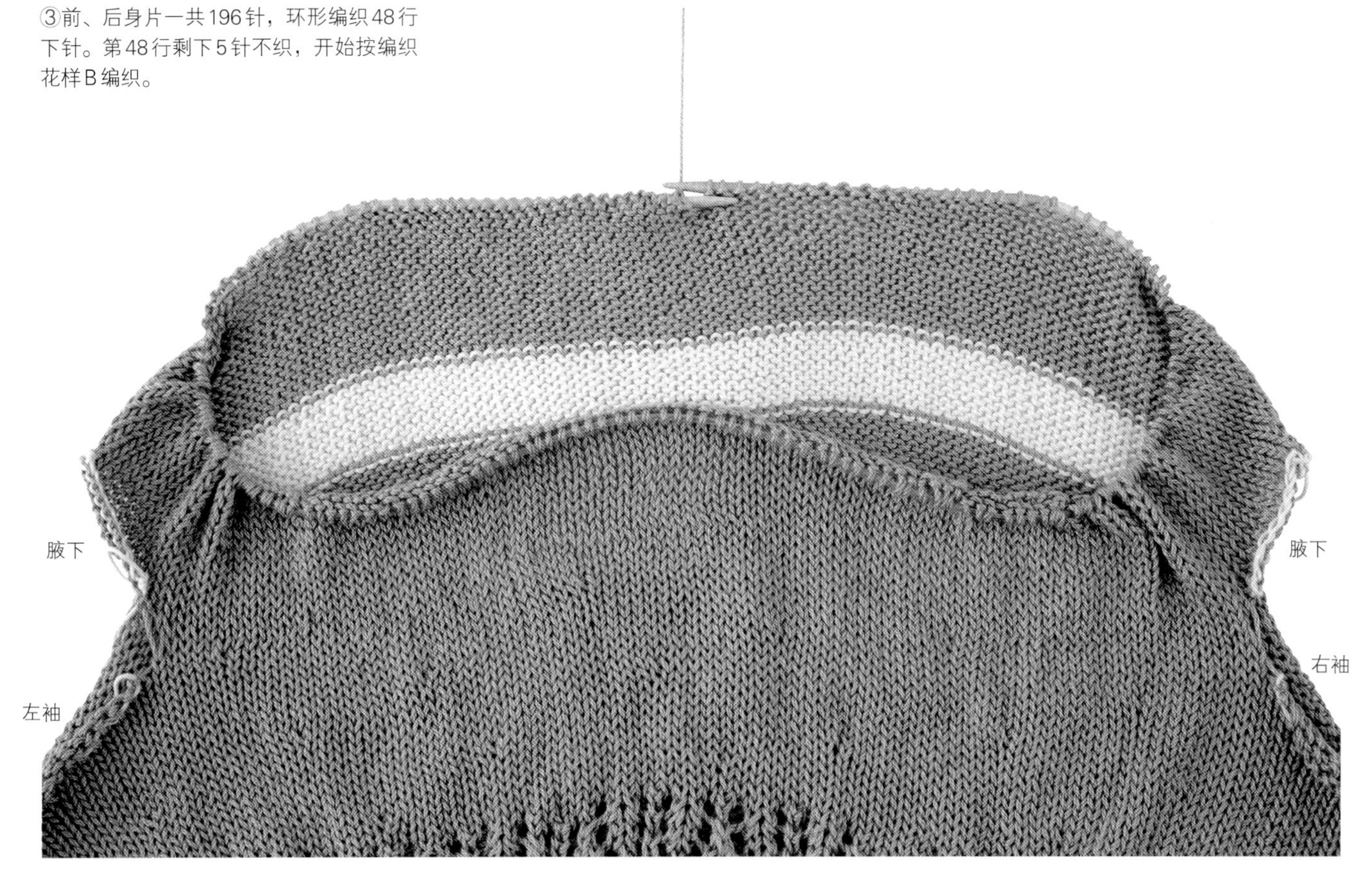

●编织“编织花样 B 和下摆”

编织花样B

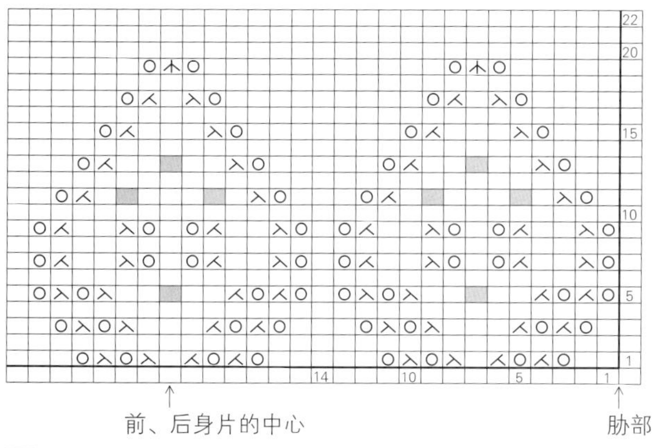

前、后身片的中心　　胁部

□ = ① 下针

▨ = 4/0 号针

扭针

扭针的单罗纹针

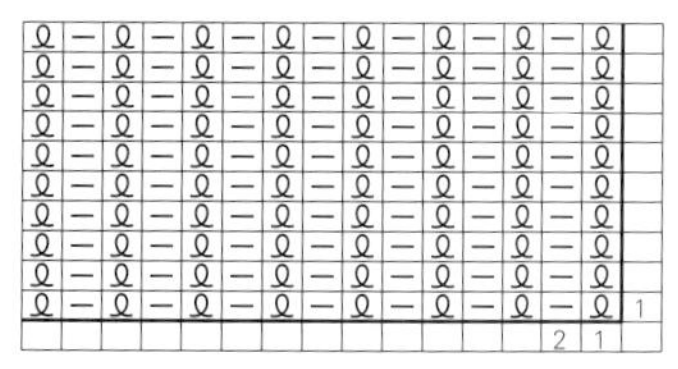

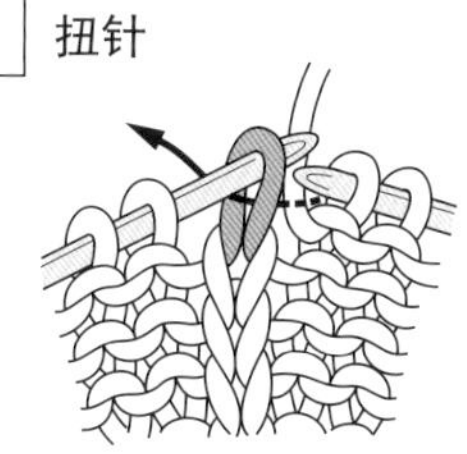

如箭头所示插入右针，编织下针。

④将花样对准身片中心，花样交界的编织起点位置正好位于胁部。身片第48行少织的5针，在编织花样B的第22行多织5针至换行交界处，这样就相互抵消了。

⑤下摆换成4号针，按扭针的单罗纹针编织10行。编织结束时，一边扭转针目一边做单罗纹针收针。

胁部

●单罗纹针收针（环形编织的情况）

编织起点

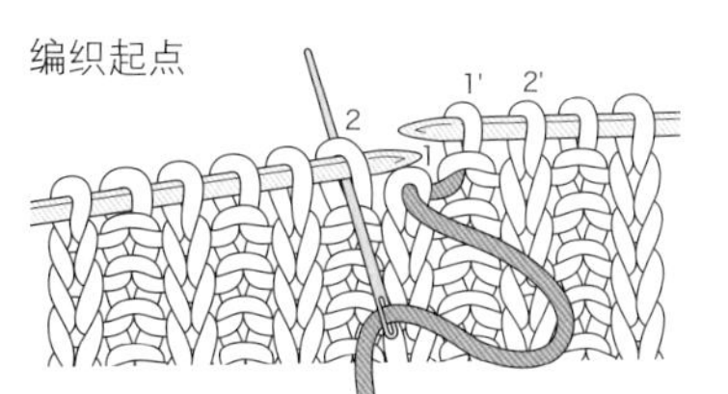

①从针目1的后面入针，从针目2的后面出针。

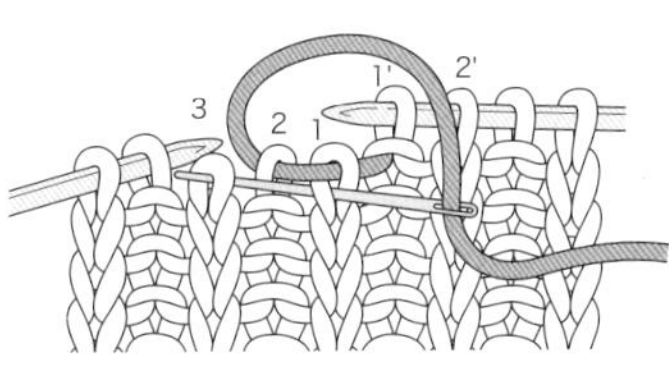

②从针目1的前面入针，从针目3的前面出针。

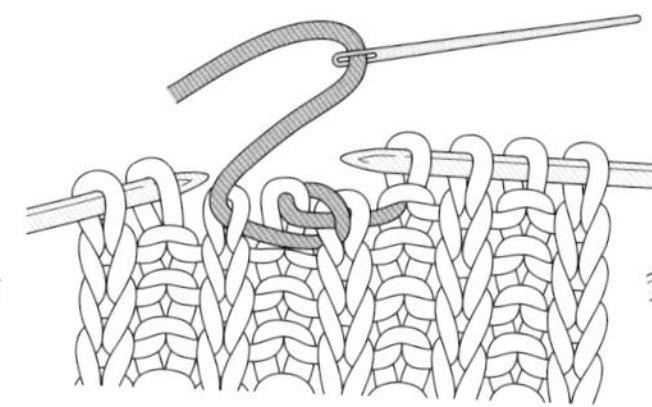

③将线拉出后的状态。

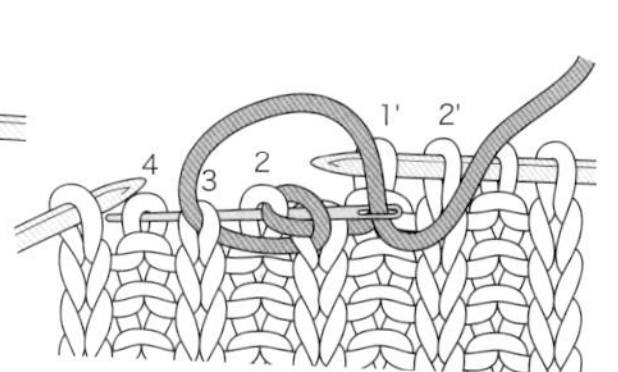

④从针目2的后面入针，从针目4的后面出针（上针对上针）。

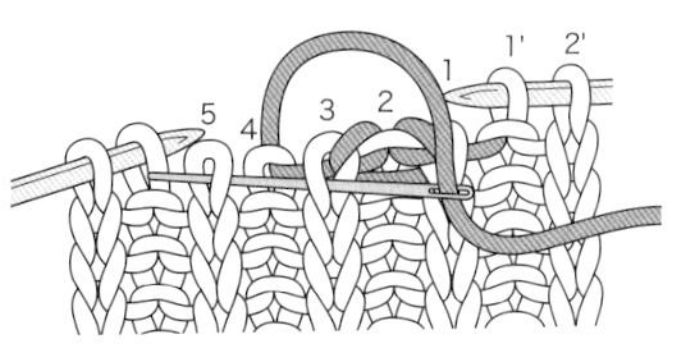

⑤从针目3的前面入针，从针目5的前面出针（下针对下针）。重复步骤④、⑤。

编织终点

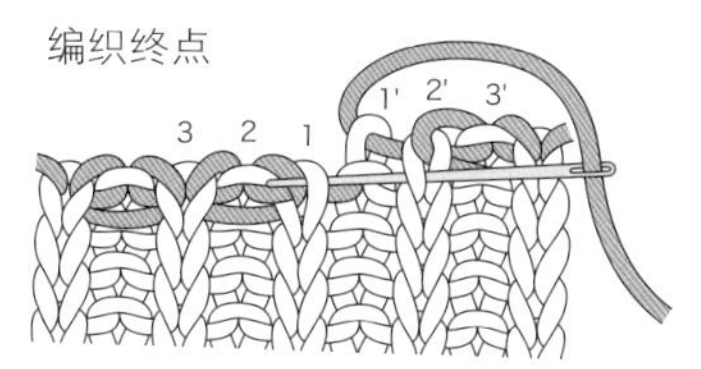

⑥从针目2’的前面入针，从针目1的前面出针（下针对下针）。

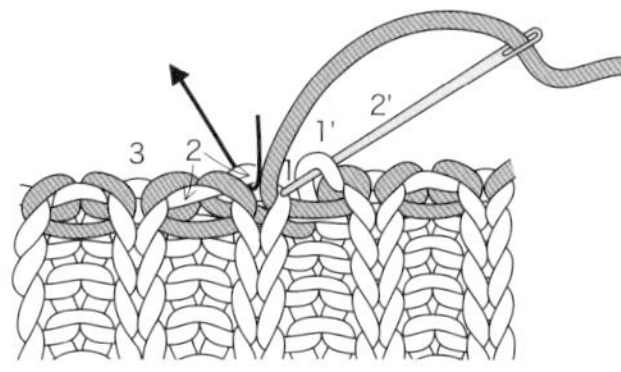

⑦从针目1’的后面入针，从针目2的后面出针。

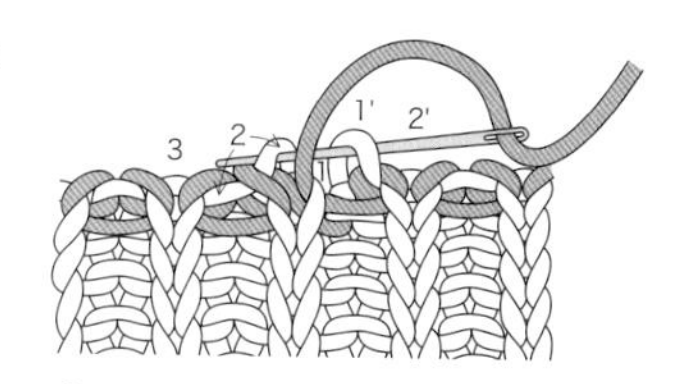

⑧这是在针目1’和针目2中插入缝针后的状态。针目1和2一共插入3次缝针。

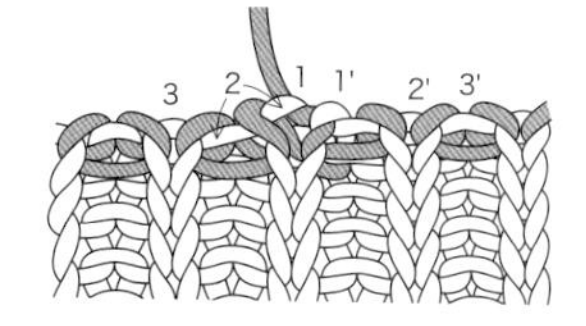

⑨将线拉出后，收针就完成了。

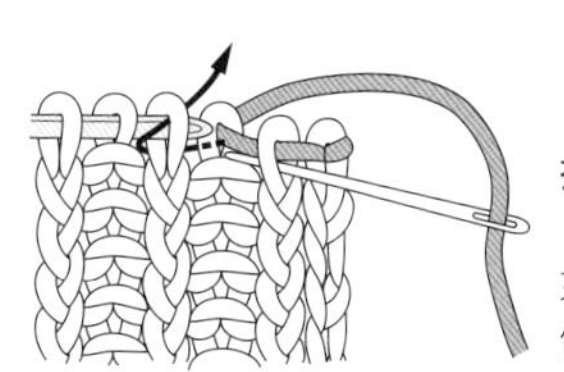

扭针的入针方法

如箭头所示，从下针的左侧插入缝针。

3 编织袖子

从育克的袖子部分、前后差、腋下挑针，环形编织下针。
接着在袖口编织扭针的单罗纹针，结束时按与下摆相同的要领收针。

●从腋下和前后差上挑针

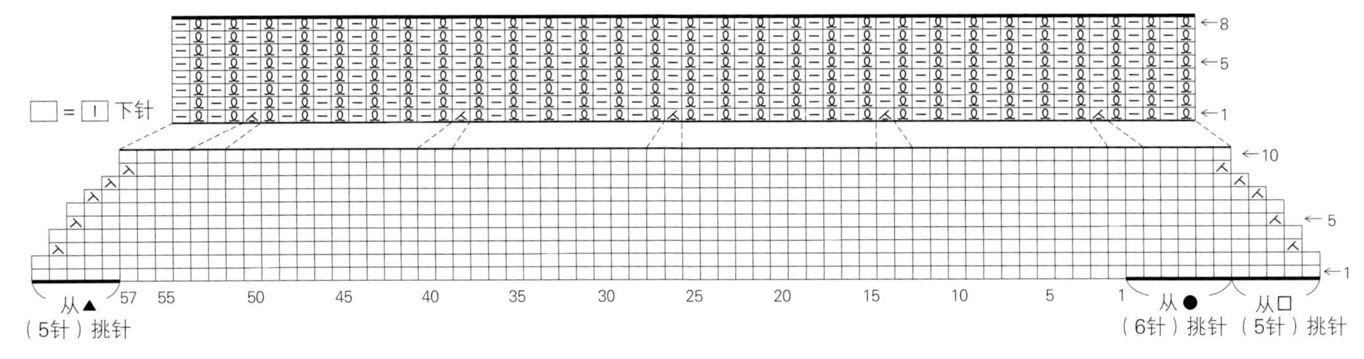

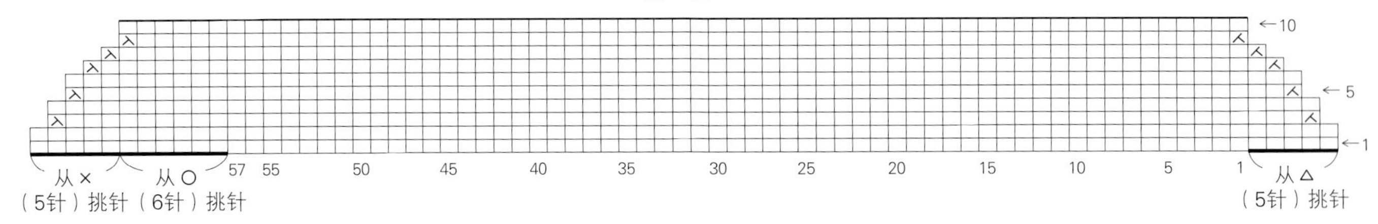

●右袖

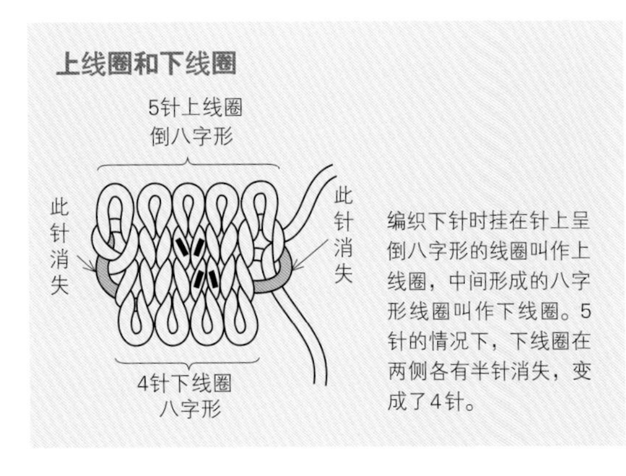

上线圈和下线圈
5针上线圈
倒八字形
此针消失
此针消失
4针下线圈
八字形
编织下针时挂在针上呈倒八字形的线圈叫作上线圈，中间形成的八字形线圈叫作下线圈。5针的情况下，下线圈在两侧各有半针消失，变成了4针。

①一边解开腋下的另线锁针，一边挑针。因为下线圈只有9针，加上两端的半针，一共挑取11针。

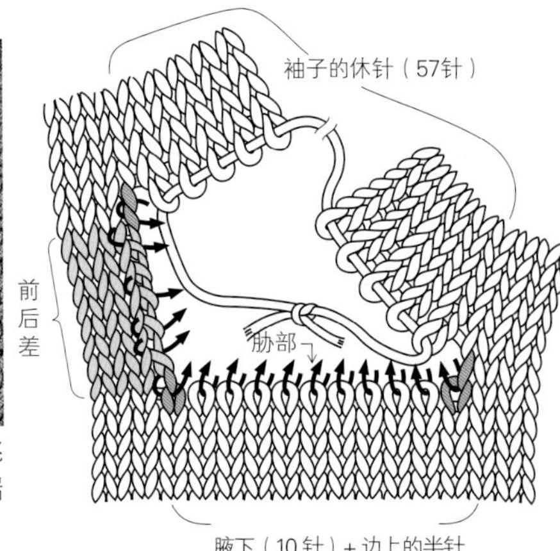

②在腋下的中心（胁部）加线编织5针。为了避免与前后差的转角处出现小洞，接着重叠2个线圈挑针。

③挑针至前后差上的第6针即另一个转角处时，也一样重叠2个线圈挑针。

④编织育克袖子部分的57针，与腋下的交界处也一样重叠2个线圈挑针。包括此针在内，再从腋下挑取5针。

●袖下的减针

以袖下为中心，左右对称地减针。编织起点做左上2针并1针的减针，编织终点做右上2针并1针的减针。

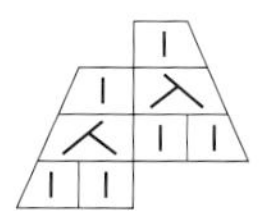

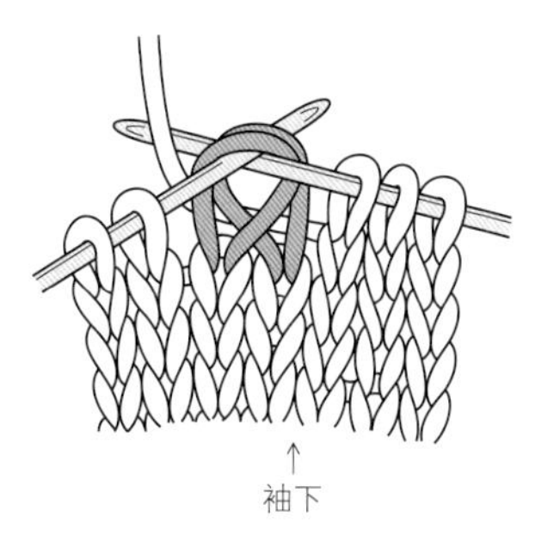

①在编织起点的2针里从左侧一起插入针，编织下针。

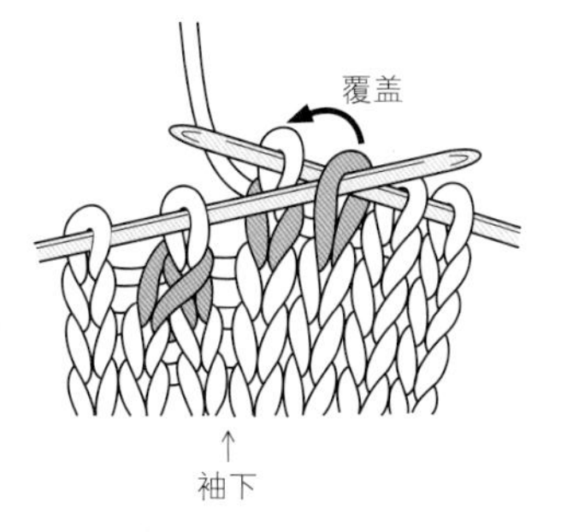

②将一行的倒数第2针移至右针上，在最后1针里编织下针，再将刚才移至右针上的针目覆盖到下针上。

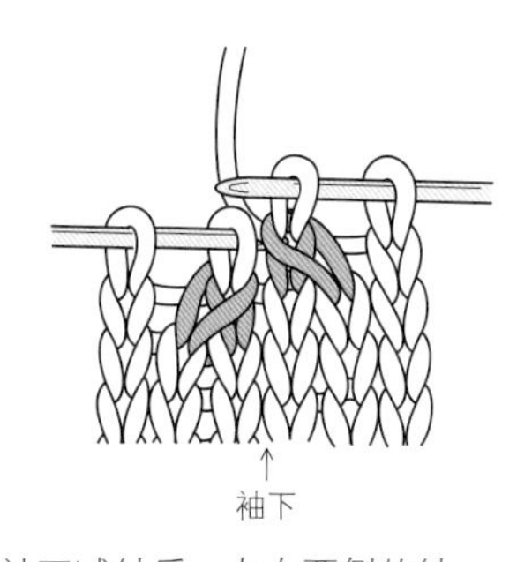

③袖下减针后，左右两侧的针目呈相对状态。

※左袖按与右袖相同的要领编织，但是腋下的挑针起点要从肋部中心往左移1针。按腋下5针、袖子57针、前后差6针、腋下5针的顺序挑针

4 编织衣领

一边解开育克部分起针时的另线锁针一边挑针，编织衣领。为了达到指定针数，在第1行4个位置均匀地做扭针加针，按扭针的单罗纹针编织8行。结束时，按与下摆相同的要领做罗纹针收针。

衣领（扭针的单罗纹针） 4号针

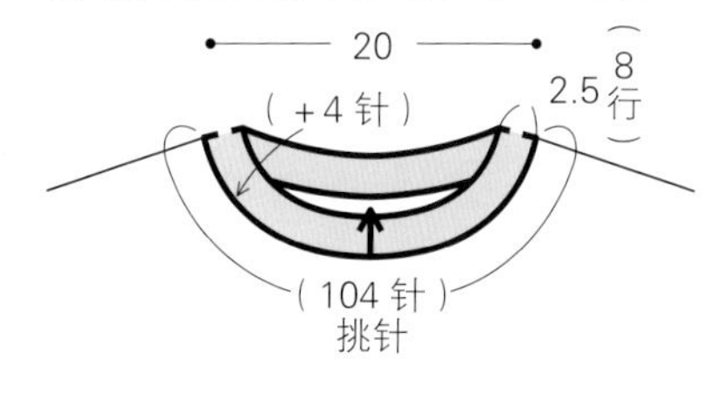

扭针的单罗纹针

ℓ	—	ℓ	—	ℓ	—	ℓ	—	ℓ	—	ℓ	
ℓ	—	ℓ	—	ℓ	—	ℓ	—	ℓ	—	ℓ	
ℓ	—	ℓ	—	ℓ	—	ℓ	—	ℓ	—	ℓ	
ℓ	—	ℓ	—	ℓ	—	ℓ	—	ℓ	—	ℓ	
ℓ	—	ℓ	—	ℓ	—	ℓ	—	ℓ	—	ℓ	
ℓ	—	ℓ	—	ℓ	—	ℓ	—	ℓ	—	ℓ	
ℓ	—	ℓ	—	ℓ	—	ℓ	—	ℓ	—	ℓ	1
I	I	I	I	I	I	I	I	I	I	I	
									2	1	

①从另线锁针的编织终点开始挑针，注意入针方向，确保针目正确地挂在针上。全部挑针完成后，将育克的线头从后往前挂在左针上。

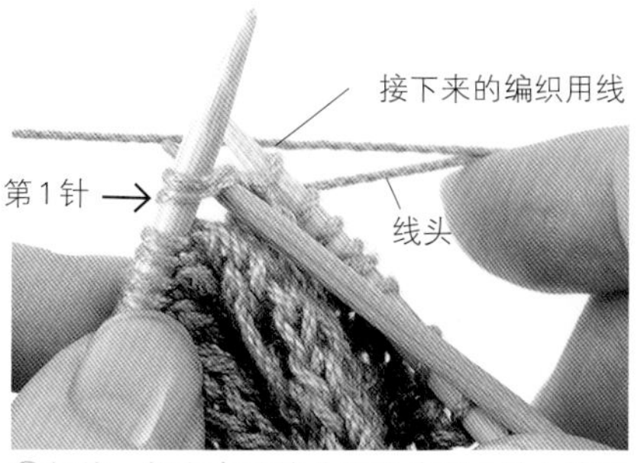

②加线，将育克的线头重叠在第1针上编织下针。第1行一边在4个位置做扭针加针，一边编织下针。

●线头处理

将线头穿入缝针，在织物的反面将线头穿入针目中藏好。注意针脚不要露出织物的正面。

棒针编织　春夏款　制作方法 ▶ p.29

镂空花样半袖圆育克毛衣

在育克和下摆设计了几何形镂空花样，显得成熟雅致。
加上圆育克的设计，黑色也能在夏季穿出柔美的感觉。

设计 / 冈本启子　制作 / 彦坂祐子　用线 / 和麻纳卡　Wash Cotton

附编织步骤详解

12

棒针编织　春夏款　制作方法 ▶ p.75

阿兰花样 V 领半袖毛衣

这件夏季款阿兰花样毛衣在插肩线上也加入了花样，
富有光泽的线材别有质感，散发着优雅迷人的魅力。
除了圆领外，V 领毛衣也可以从领口往下编织。

设计 / 林 久仁子　用线 / 和麻纳卡　Brillian

棒针编织　春夏款　制作方法 ▶ p.78

波浪花样 A 字形长衫

宽大的领窝和逐渐展开的下摆款式非常适合搭配裤子穿着。
若是将棉线换成毛线，编织的毛衣应该会十分温暖吧。

设计 / 林 久仁子　用线 / 和麻纳卡　Wash Cotton

棒针编织　春夏款　制作方法 ▶ p.80

4 色条纹花样圆育克毛衣

使用轻柔爽滑的棉麻线材编织，
4 色镂空条纹花样清爽宜人。
边缘分别使用了不同的颜色，
别致却不张扬。

设计 / 冈本启子　制作 / 中川好子
用线 / 和麻纳卡 Flax K〈Lame〉

15

制作方法 ▶ p.93

镂空花样
插肩袖开衫

A 字形单扣设计的开衫可以自由穿搭。
清凉的镂空花样是这款设计的一大亮点。

设计 / 横山纯子
用线 / 和麻纳卡　Wash Cotton

16

17

钩针编织　春夏款　制作方法 ▶ p.85

扇形花样
圆育克毛衣

扇形花样的育克部分通过
单元花样的加针逐渐放大，
然后自然过渡到网格针花样。
边缘编织也非常精致，富于变化。

设计／Ryo　制作／田中富子
用线／和麻纳卡　Flax C〈Lame〉

18

钩针编织　春夏款　制作方法 ▶ p.88

扇形花样
插肩袖毛衣

将 p.44 的作品改成了插肩袖设计。
插肩线部位灵活利用了编织花样，
给人柔和的印象。
边缘也做了简化，显得更加休闲随性。

设计 / Ryo　制作 / 今福惠美子
用线 / 和麻纳卡 Flax C〈Lame〉

花样简约的交襟开衫

由长长针和短针组成的花样虽然平淡无奇，
但是编织成交襟开衫后也能如此新颖时尚。
清凉感十足的棉麻线材穿起来舒适极了。

设计／柴田 淳
用线／和麻纳卡 Flax K

19

制作方法 ▶ p.90

小菠萝花样圆育克毛衣

排列整齐的小菠萝花样洋溢着夏季的凉爽气息。
线材的美丽光泽更加凸显了花样的精美。

设计／河合真弓　制作／关谷幸子　用线／和麻纳卡 Brillian

使用线材介绍（线材图片均为实物大小）

钻石毛线

http://www.diakeito.co.jp

图片	线名	成分	规格、线长	线的粗细	棒针	钩针	标准下针编织密度	标准长针编织密度
1	DIA Tasmanian Merino	羊毛100% （塔斯马尼亚美利奴羊毛）	40g 120m	中粗	5~6号	4/0~5/0号	22~23针 30~32行	—
2	DIA Tasmanian Merino 〈Nobby〉	羊毛100% （塔斯马尼亚美利奴羊毛）	30g 90m	中粗	5~6号	4/0~5/0号	22~23针 30~32行	—
3	DIA Tasmanian Merino 〈Fine〉	羊毛100% （塔斯马尼亚美利奴羊毛）	35g 178m	中细	—	3/0~4/0号	—	—

DARUMA

http://www.daruma-ito.co.jp

图片	线名	成分	规格、线长	线的粗细	棒针	钩针	标准下针编织密度	标准长针编织密度
4	Shetland Wool	羊毛100% （设得兰羊毛）	50g 136m	粗	5~7号	6/0~7/0号	20~21针 27~28行	—
5	Airy Wool Alpaca	羊毛（美利奴羊毛）80%、羊驼绒（顶级幼羊驼绒）20%	30g 100m	粗	5~7号	6/0~7/0号	21~22针 30~32行	—

芭贝

http://www.puppyarn.com

图片	线名	成分	规格、线长	线的粗细	棒针	钩针	标准下针编织密度	标准长针编织密度
6	Queen Anny	羊毛100%	50g 97m	中粗	6~7号	6/0~8/0号	19~20针 27~28行	—
7	New 4PLY	羊毛100%（防缩加工）	40g 150m	中细	2~4号	2/0~4/0号	28~29针 36~37行	—
8	Boboli	羊毛58%、马海毛25%、真丝17%	40g 110m	粗	5~7号	5/0~7/0号	22~23针 28~29行	—
9	Alba	羊毛100%（使用100%超细美利奴羊毛）	40g 105m	粗	6~7号	6/0~7/0号	23~24针 31~32行	—

和麻纳卡

http://www.hamanaka.co.jp

图片	线名	成分	规格、线长	线的粗细	棒针	钩针	标准下针编织密度	标准长针编织密度
10	和麻纳卡 Sonomono Suri Alpaca	羊驼绒100% （使用苏利羊驼绒）	25g 90m	中细	3~4号	3/0号	24~25针 30~31行	27针 12行
11	和麻纳卡 Exceed Wool FL〈粗〉	羊毛100% （使用超细美利奴羊毛）	40g 120m	粗	4~5号	4/0号	23~24针 30~31行	19针 11行
12	和麻纳卡 Wash Cotton	棉64%、涤纶36%	40g 102m	中粗	5~6号	4/0号	23~24针 30~31行	22针 10.5行
13	和麻纳卡 Flax K〈Lame〉	亚麻78%、棉22% （使用金属丝线）	25g 60m	中粗	5~6号	5/0号	21~22针 25~26行	22针 9行
14	和麻纳卡 Flax K	亚麻78%、棉22%	25g 62m	中粗	5~6号	5/0号	21~22针 25~26行	22针 9行
15	和麻纳卡 Flax C〈Lame〉	亚麻82%、棉18% （使用金属丝线）	25g 100m	中细	—	3/0号	—	28针 11行
16	和麻纳卡 Brillian	棉（超长棉）57%、锦纶43%	40g 140m	中粗	5~6号	4/0~5/0号	26~27针 32~33行	24~26针 10.5~11行

●1~11为秋冬线材，12~16为春夏线材。

●线的粗细只是比较概括的表述，仅供参考。标准编织密度为厂商提供的数据。

＊换线编织时的要领

编织第1件作品时，请使用与书中相同的线材编织，不过可以选择自己喜欢的颜色。编织第2件作品时，如果选择不同线材，请参照毛线标签上的适用针号，选择与书中使用线材相似的毛线。试编样片，测量密度对比一下，与书中作品的密度不一致时，请参照p.50“简单易行的尺寸调整方法”进行调整。

简单易行的尺寸调整方法

尺寸调整有若干种方法。最简单的方法就是通过改变编织针和线材的粗细来放大或缩小尺寸。
从领口往下编织时，衣宽通过腋下起针调节。衣长在下摆部分做增减，可以一边编织一边调整。
另外，经过一段时间想要修改长度时，也可以简单地加长或减短。这一点也是从领口往下编织的优势所在。

改变编织针的粗细

每变 1 个针号,针目的大小就会变化约 5%。使用粗(细)2 号的针，织物就可以放大（缩小）10% 左右。考虑到编织效果，最多以 ±2 号为宜。

改变编织线的粗细

使用比本书作品指定线更粗或更细的线，就可以改变作品的大小。此时，务必用打算编织的线试编样片、测量密度，然后与书上的密度做对比，确认是否可以达到想要的尺寸后再开始编织。

圆育克毛衣的情况

衣宽…通过腋下起针的锁针数调整，达到想要的胸围尺寸。不过，此时要以 1 个花样为单位进行加减。袖宽随着衣宽的变化自然调整。

衣长、袖长…以 1 个花样为单位进行调整。

插肩袖毛衣的情况

衣宽…像长针等针法简单、单元花样又比较小时，如右图所示调整育克的长度就可以得到想要的胸围尺寸。
如果是其他编织花样，按与圆育克毛衣相同的要领在腋下宽度上进行调整。

衣长、袖长…以 1 个花样为单位进行调整。

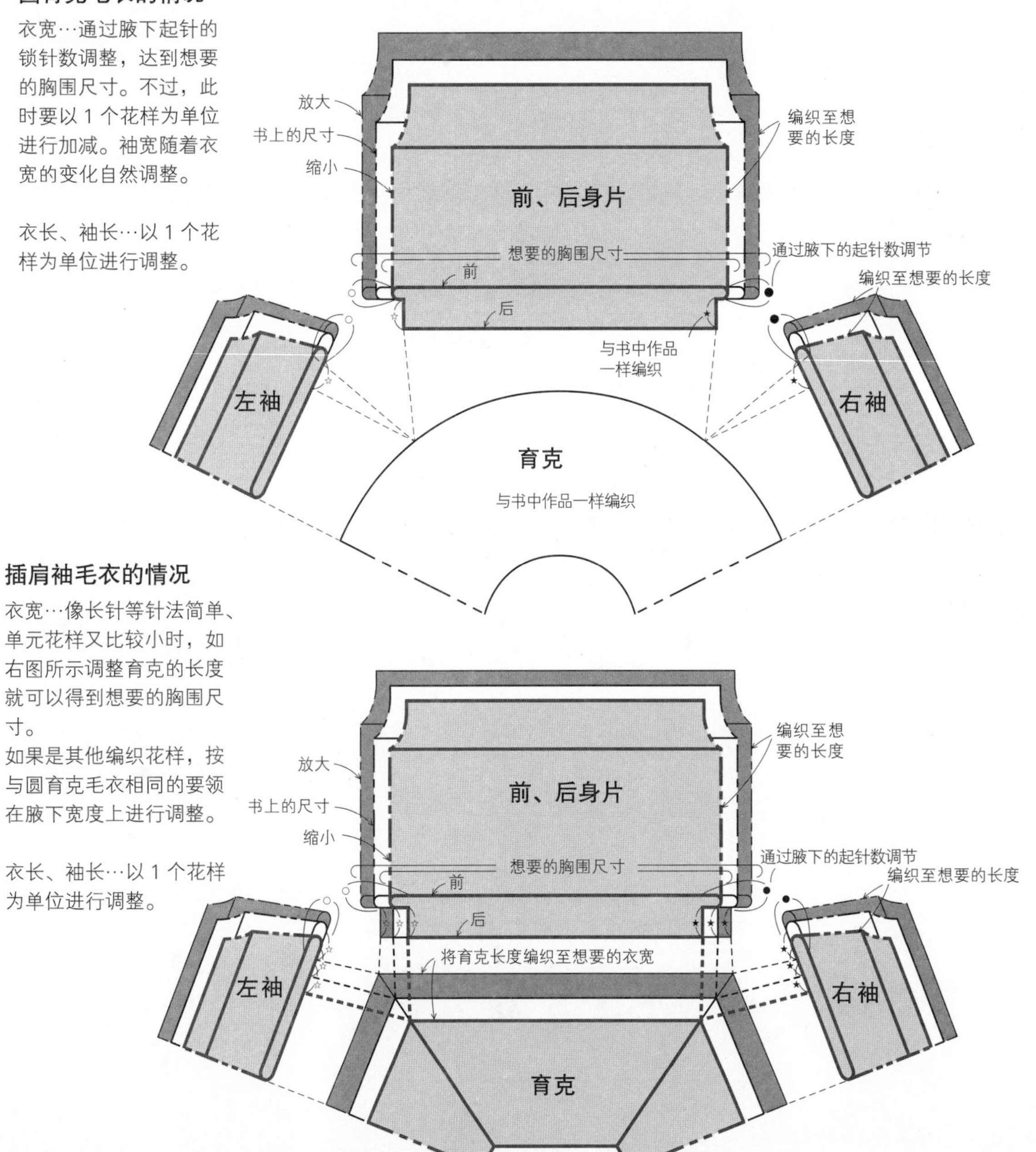

11 镂空花样圆育克毛衣 图片 p.27

〈材料和工具〉

●用线　芭贝 Boboli 灰米色（434）270g/7团

●用针　棒针7号、5号，钩针6/0号

〈成品尺寸〉 胸围92cm，衣长51.5cm，连肩袖长56cm

〈编织密度〉 10cm×10cm面积内：下针编织21针，29行

〈编织要点〉

这件毛衣是作品12的改编版，使用了不同的线材，袖子的设计也做了改动。请参照p.28~37的花样符号图和编织方法进行编织。袖子…袖下加针时，立起袖下中心的1针，在其两侧对称地做扭针加针。

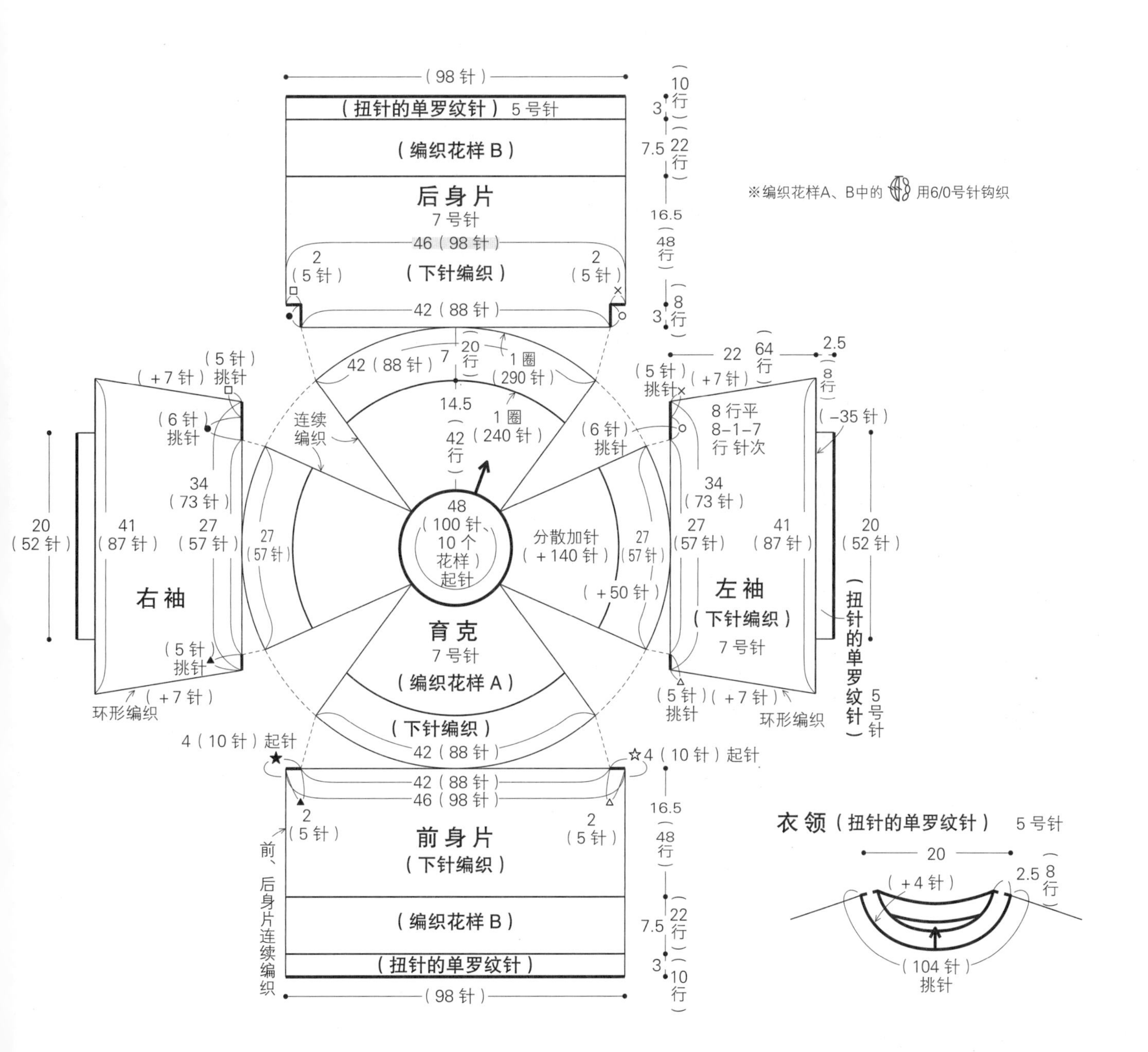

01 菠萝花样套头长衫 图片 p.5

〈材料和工具〉

●用线　和麻纳卡 Exceed Wool FL〈粗〉 黄色（243）340g / 9团

●用针　钩针4/0号

〈成品尺寸〉 胸围100cm，衣长57cm，连肩袖长30cm

〈编织密度〉 编织花样的1个花样10针4cm（第18行为10cm），10cm10行

〈编织要点〉

编织花样…通过加针逐渐放大单元花样。枣形针符号的根部为打开状态时，整段挑起前一行的锁针，或者在针目与针目之间的空隙里挑针钩织。育克…在领窝锁针起针后连接成环形，从锁针的里山挑针，按编织花样编织。将起立针位置放在后身片的左侧。编织至18行后将线剪断。先在右侧腋下加线，钩13针锁针，将线剪断。左侧腋下也加入新线，钩13针锁针，接着从育克挑针，环形编织前、后身片。然后编织下摆的边缘。袖口…在后身片与腋下的交界处加线开始编织。衣领…在后身片左侧加线，从起针处挑针编织边缘。

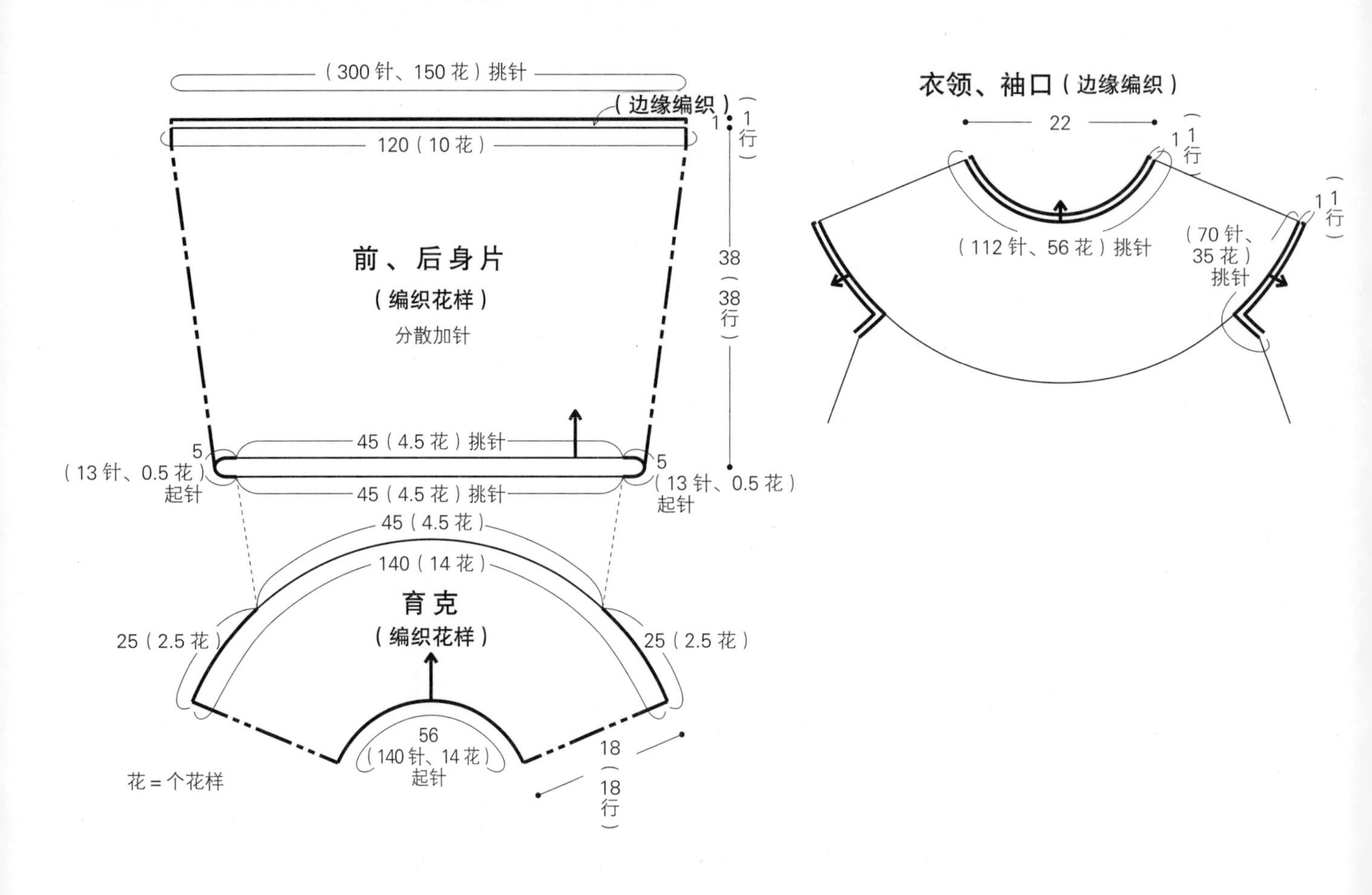

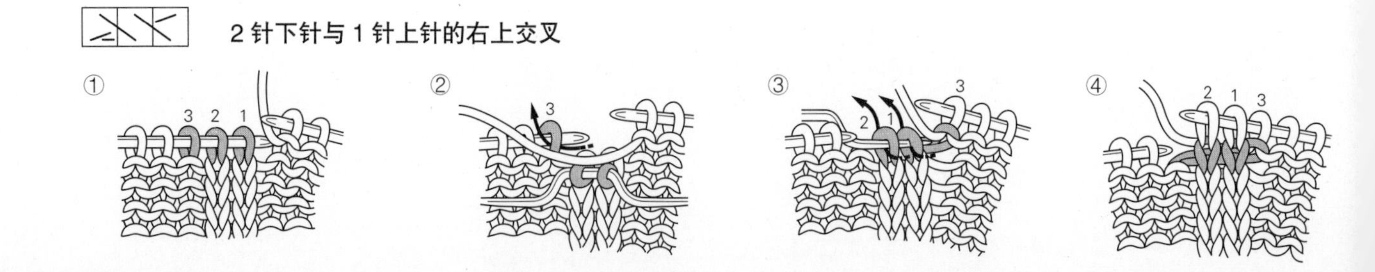

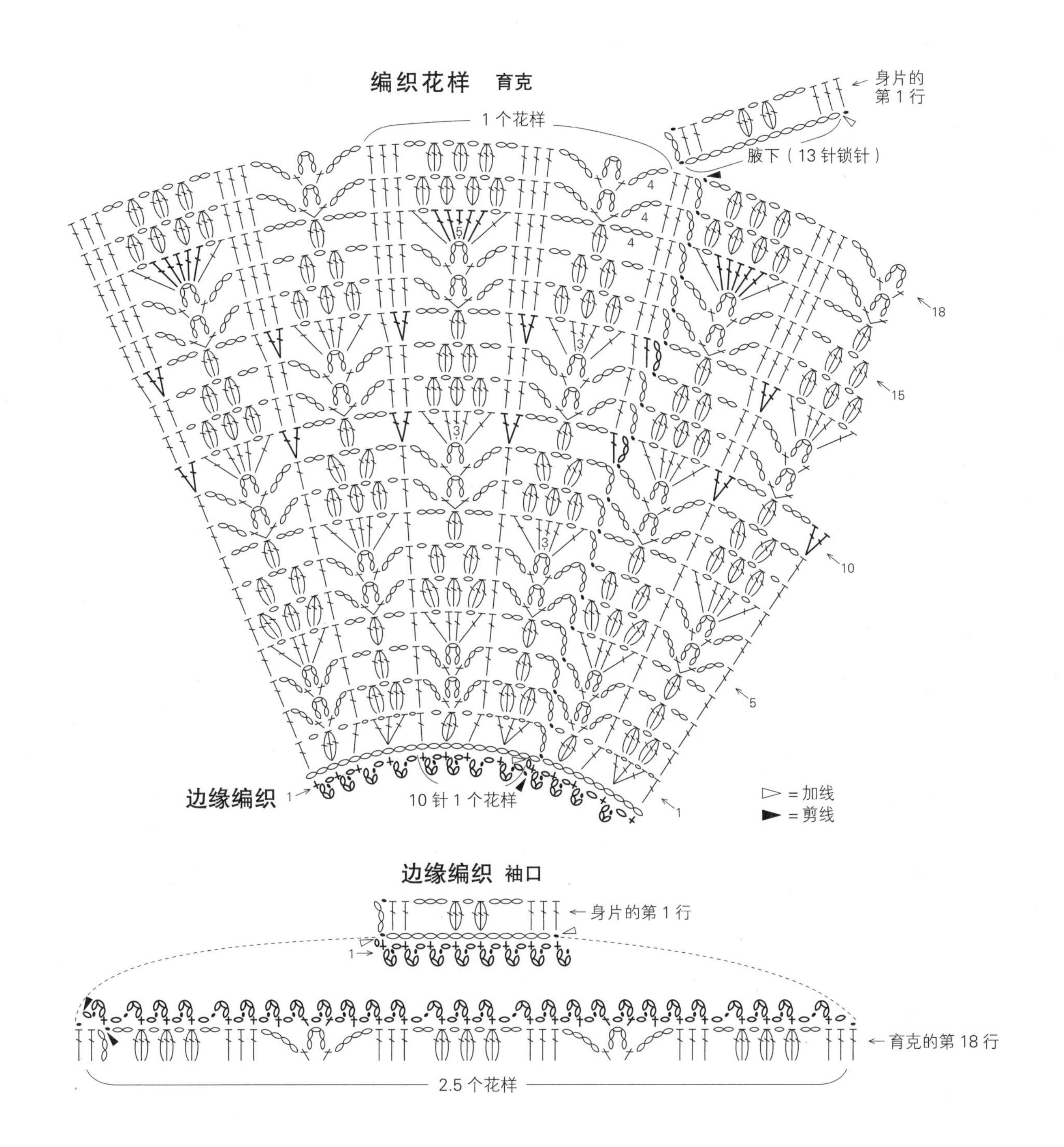

2针下针与1针上针的左上交叉

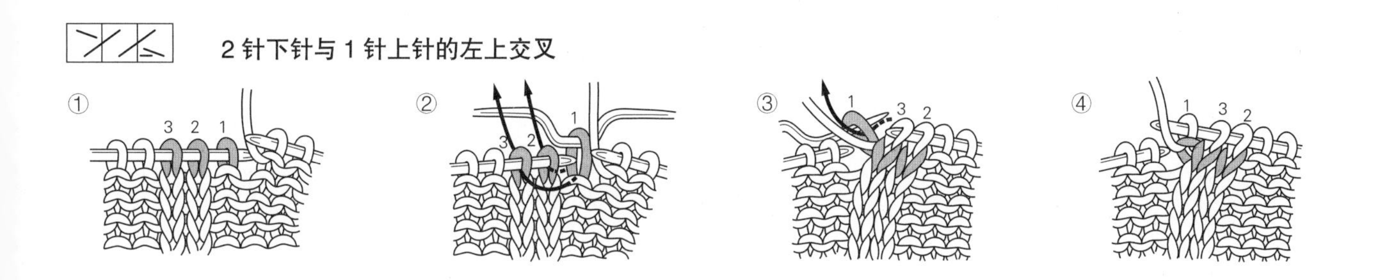

编织花样 身片

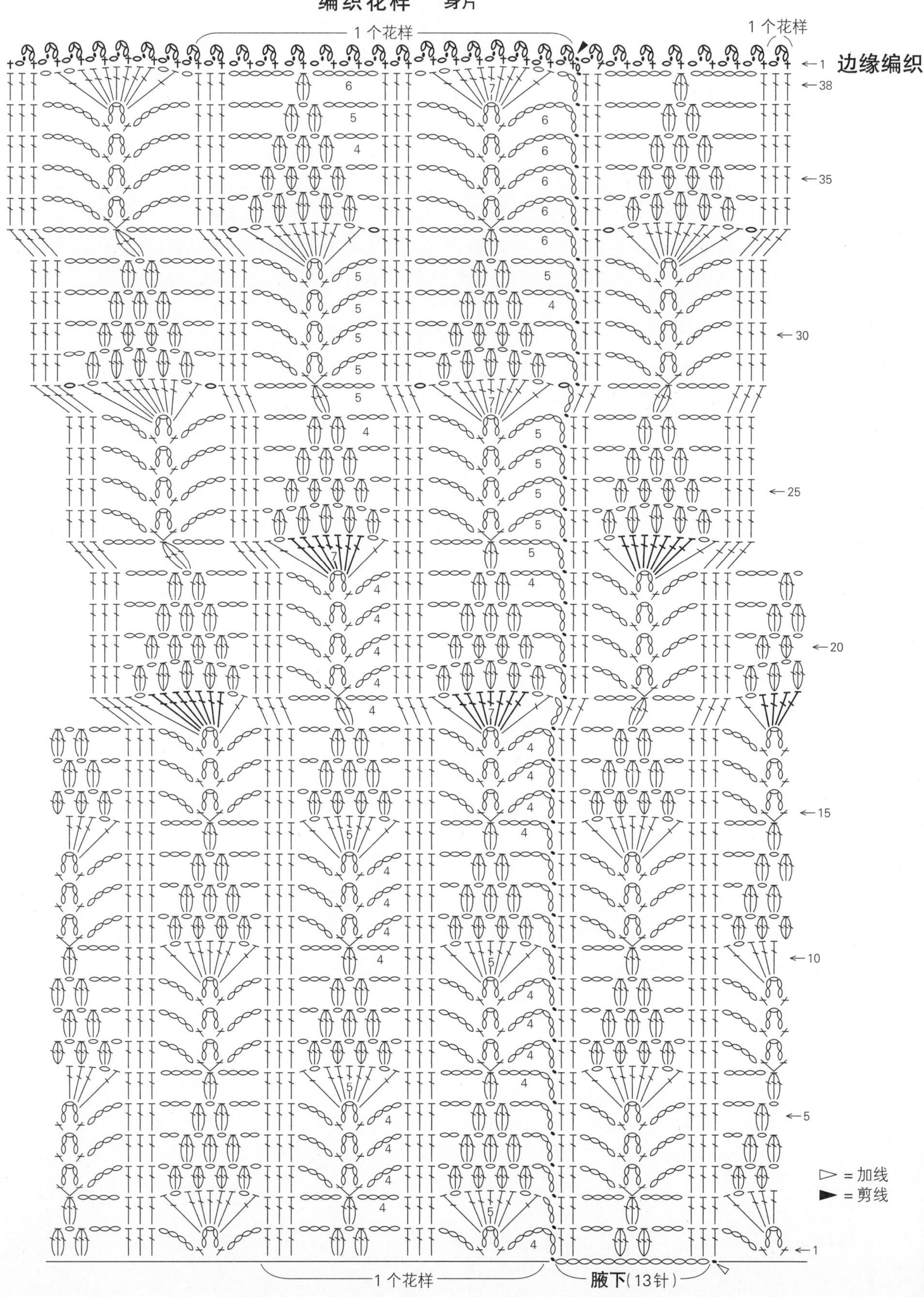

03 带装饰褶边的插肩袖开衫 图片 p.7

〈材料和工具〉
- ●用线　和麻纳卡 Sonomono Suri Alpaca 米白色（81）375g/15团
- ●用针　钩针3/0号
- ●其他　直径1.3cm的纽扣 10颗

〈成品尺寸〉 胸围91.5cm，衣长51.5cm，连肩袖长55.5cm

〈编织密度〉 10cm×10cm面积内：编织花样A 27针，12行

〈编织要点〉

育克…在领窝锁针起针，从锁针的里山挑针，按编织花样A编织21行后，将线放在一边暂停编织。在腋下加线，钩9针锁针后将线剪断。身片…用育克部分暂停编织的线继续编织22行。下摆部分重新加线，按编织花样B编织。袖子…在腋下的中心针目上加线，按编织花样A做环形的往返编织，接着按编织花样C编织袖口。衣领、前门襟…按衣领、前门襟的顺序编织。衣领一边编织一边在插肩线的4个位置减针。右前门襟一边编织一边在第3行留出扣眼。

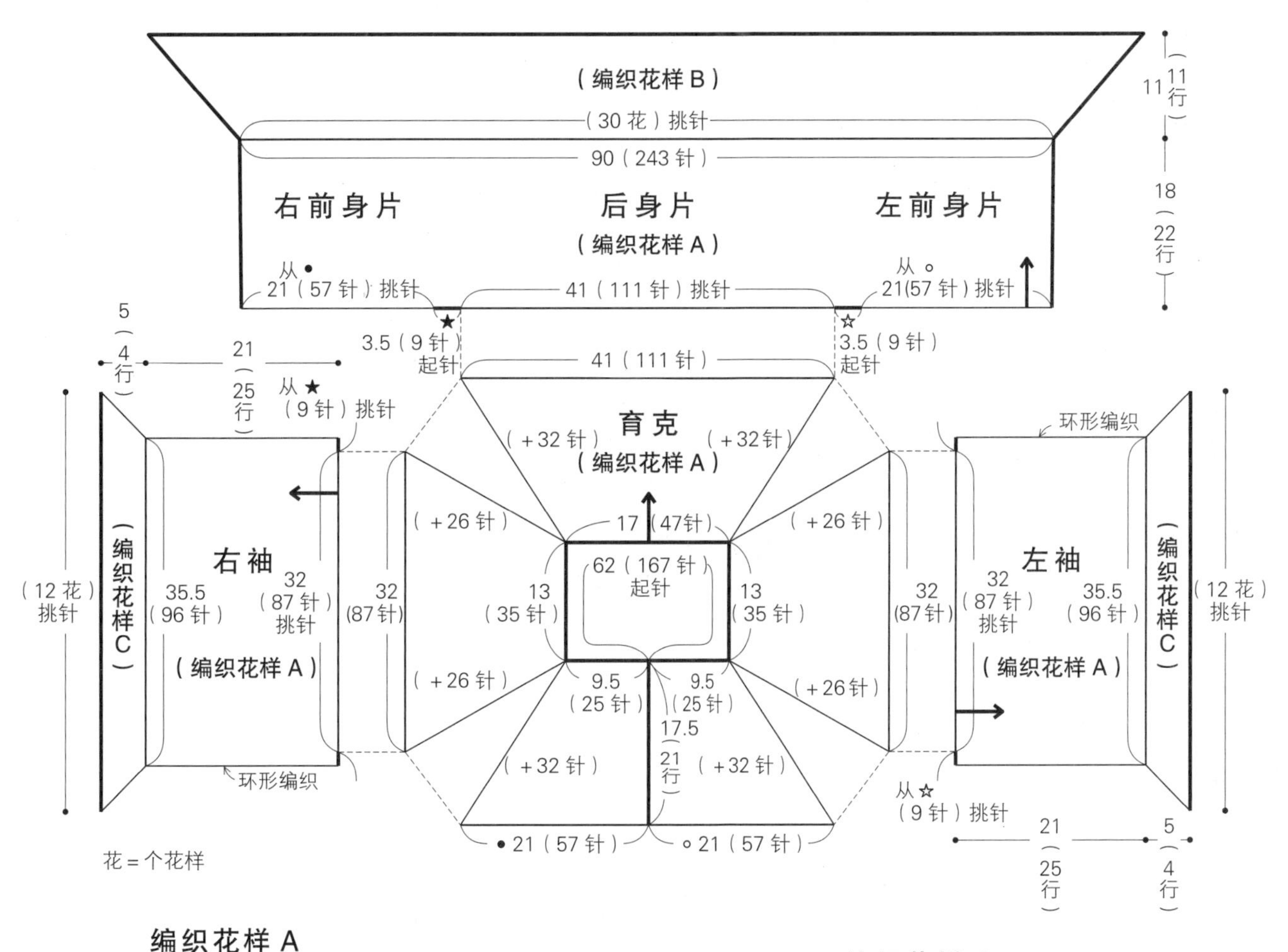

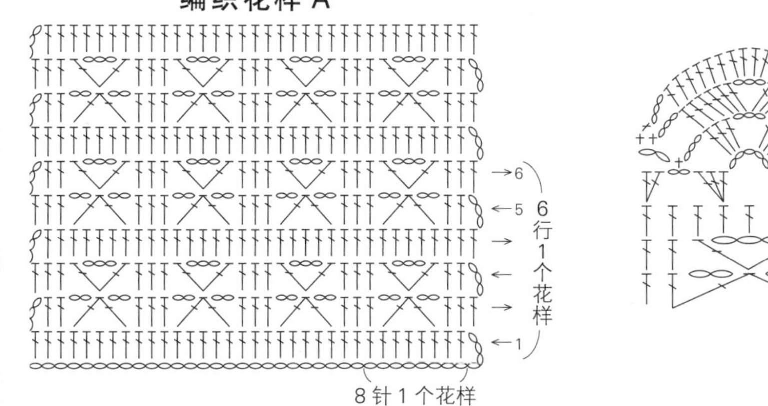

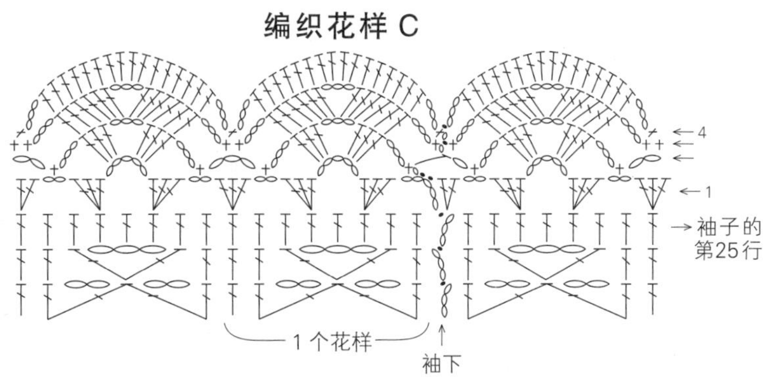

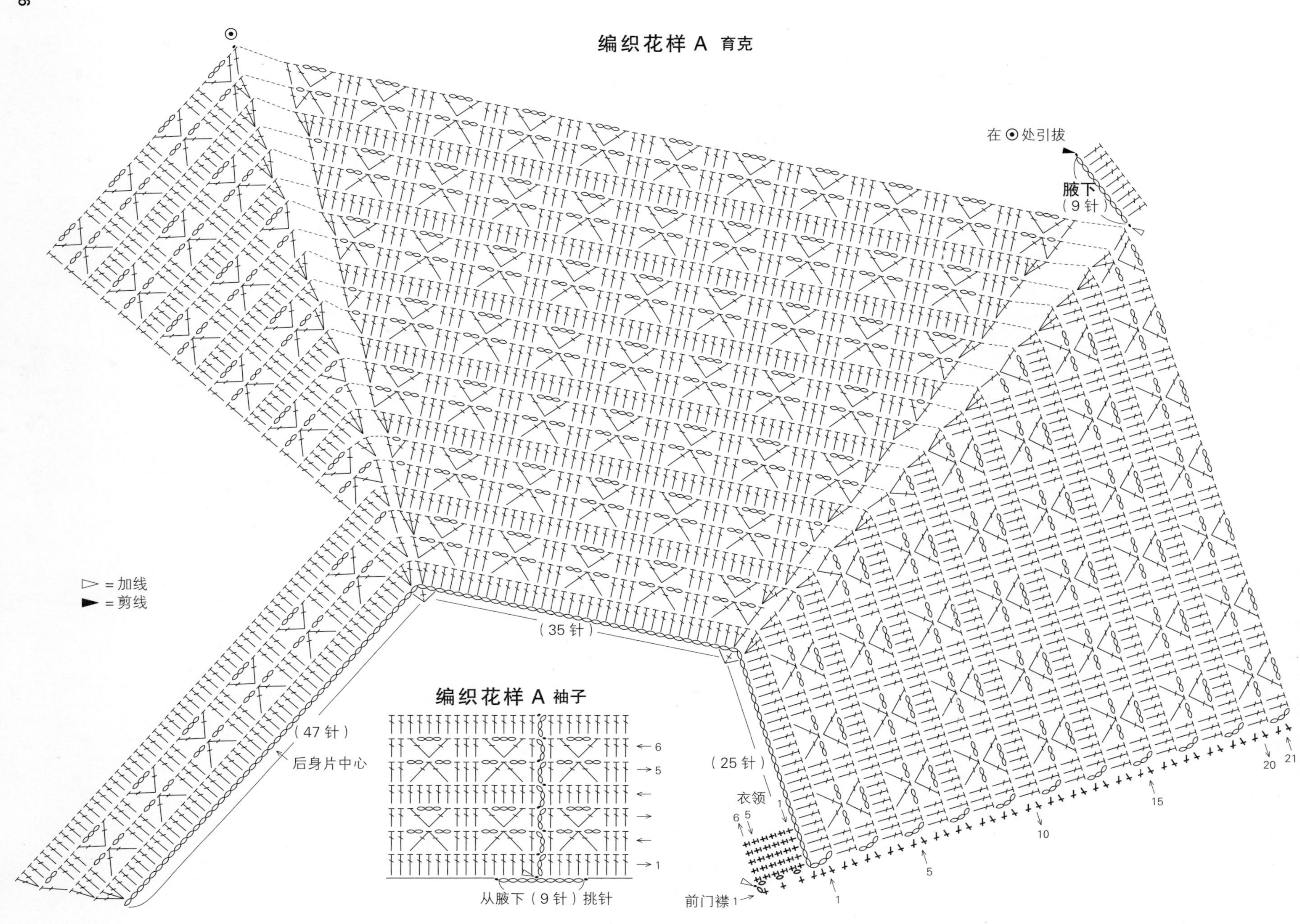

编织花样 A 育克
在⊙处引拔
腋下
（9针）
▷ = 加线
▶ = 剪线
（35针）
（47针）
后身片中心
（25针）
衣领
前门襟
1
5
10
15
20
21
编织花样 A 袖子
从腋下（9针）挑针

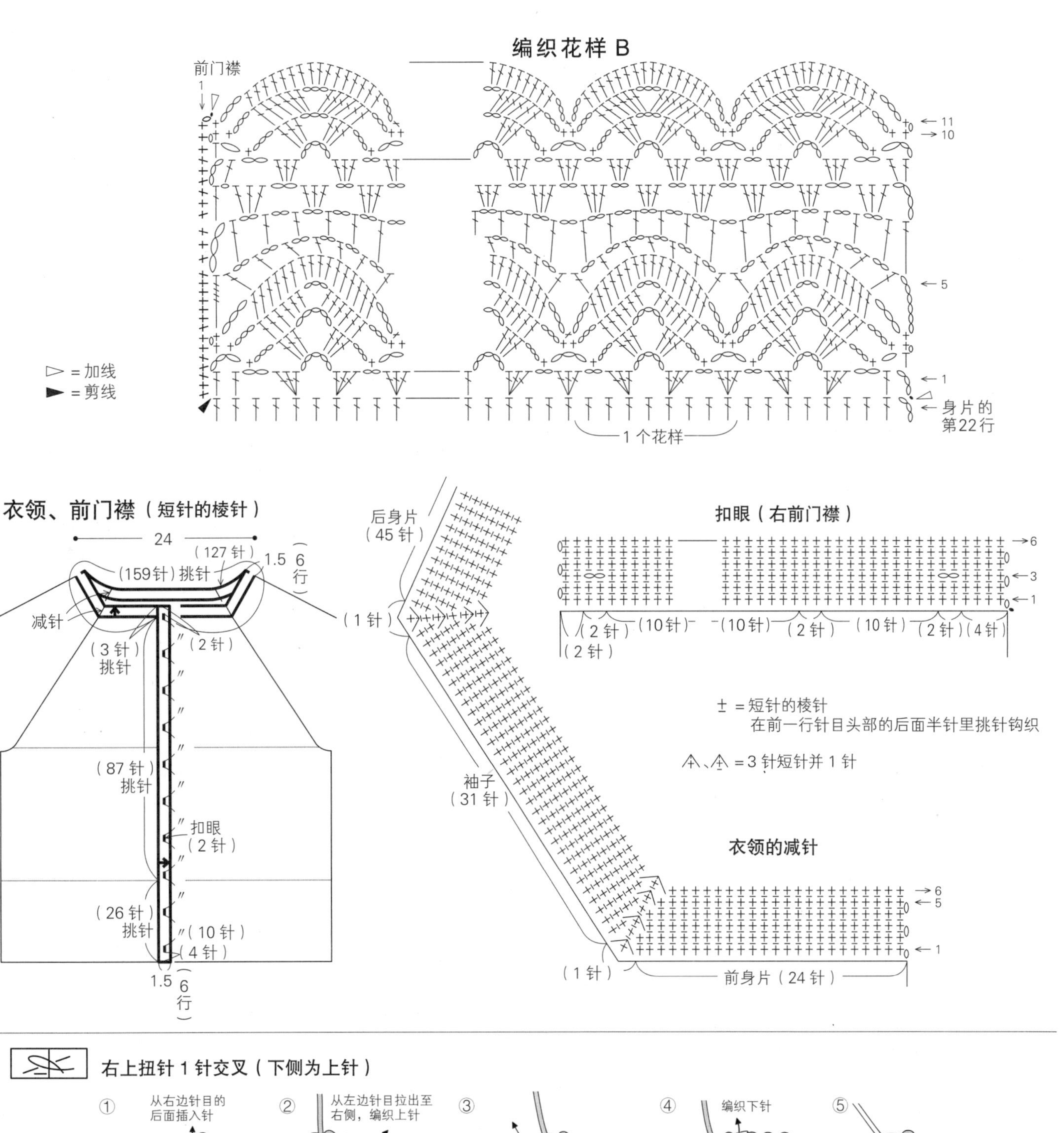

右上扭针1针交叉（下侧为上针）

左上扭针1针交叉（下侧为上针）

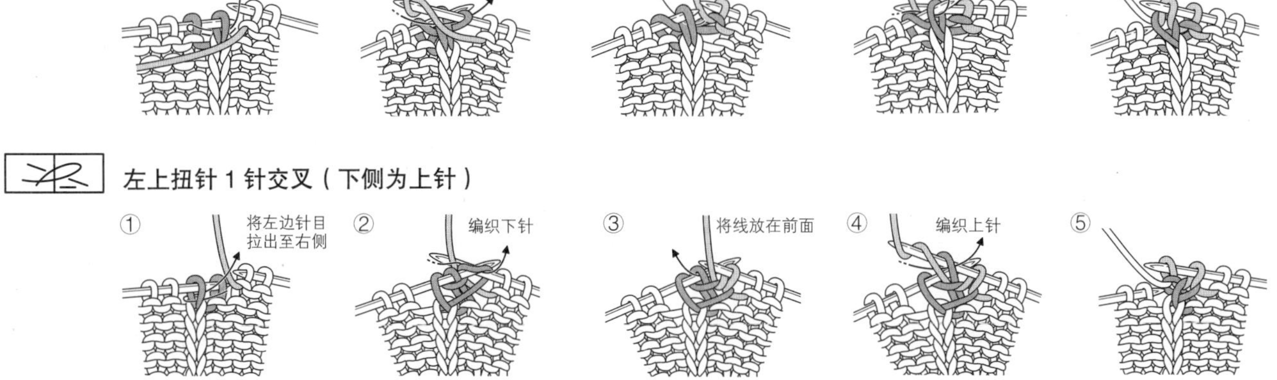

02 镂空花样圆育克开衫 图片 p.6

〈材料和工具〉

●用线　钻石毛线 DIA Tasmanian Merino〈Nobby〉蓝色系（9706）340g/12团

●用针　钩针5/0号

●其他　直径1.5cm的纽扣 5颗

〈成品尺寸〉胸围101.5cm，衣长48cm，连肩袖长54cm

〈编织密度〉10cm×10cm面积内：编织花样B 4个花样，11.5行

〈编织要点〉

育克…在领窝锁针起针，从锁针的半针和里山挑针，按编织花样A编织。注意第10行有3卷长针和长长针。编织至13行后，将线剪断。在后身片位置加线编织前后差，接着在左侧腋下钩15针锁针，连接到育克上。然后在右侧腋下钩15针锁针。身片…在左前端加入新线开始按编织花样B编织，继续编织至下摆的边缘编织A。袖子…在腋下靠后身片的位置加线，按编织花样B做环形的往返编织。一边在袖下减针，一边继续编织至袖口的边缘编织A。衣领、前门襟…先按边缘编织B编织衣领，然后按边缘编织C编织前门襟，右前门襟在第2行留出扣眼。

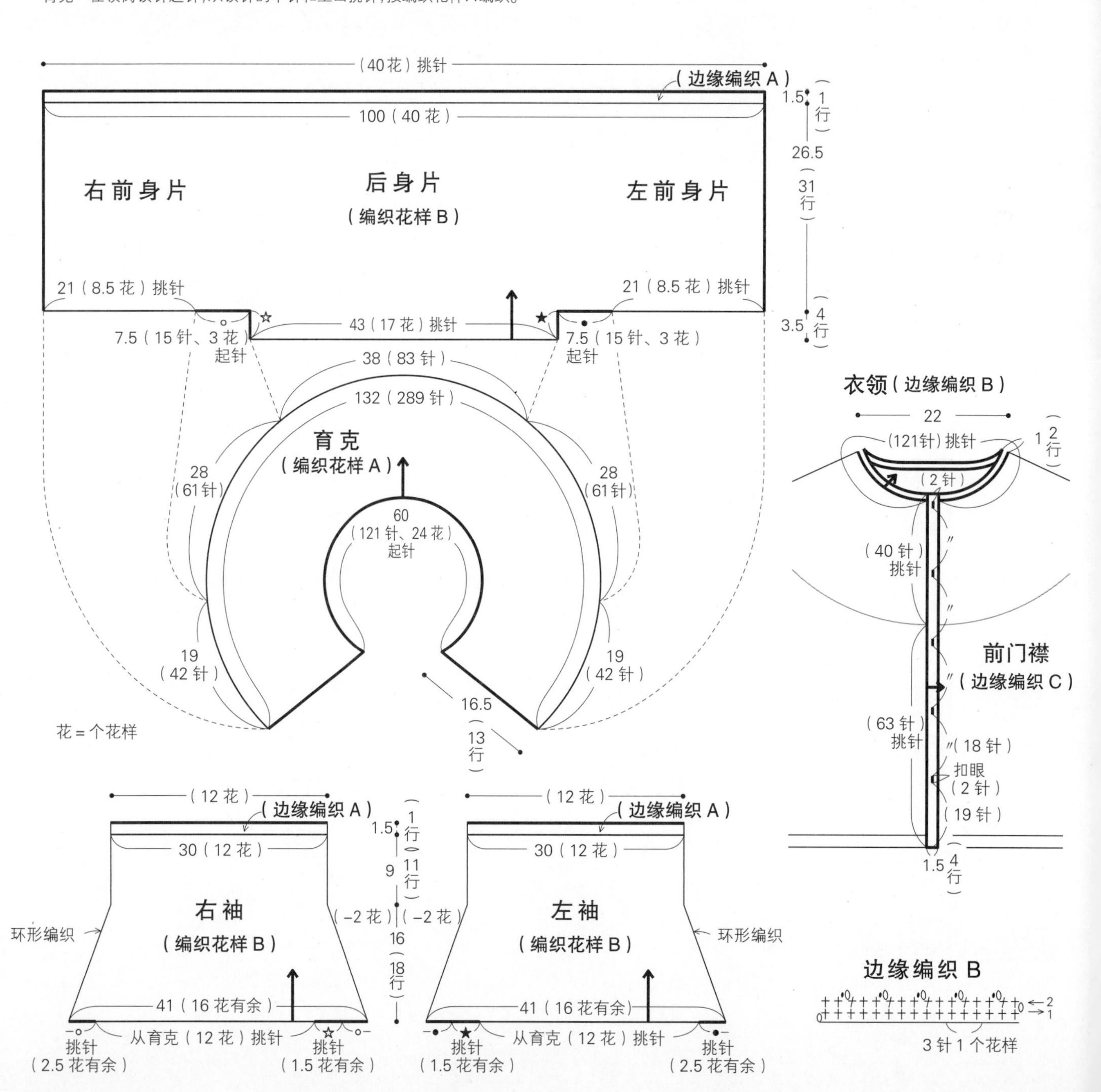

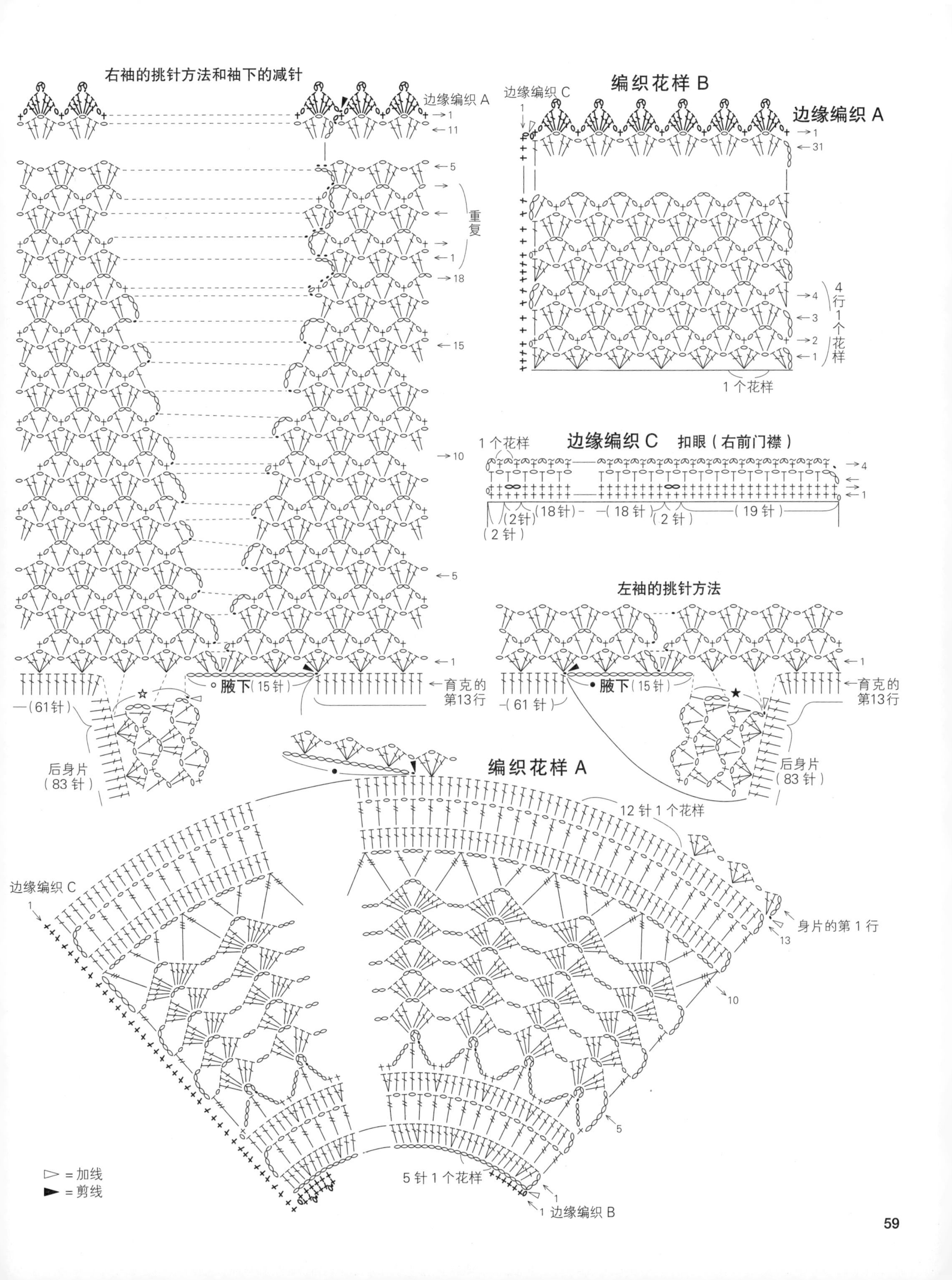

右袖的挑针方法和袖下的减针
边缘编织 A
重复
腋下（15针）
（61针）
育克的第13行
后身片（83针）
编织花样 B
边缘编织 C
边缘编织 A
4行1个花样
1个花样
边缘编织 C 扣眼（右前门襟）
1个花样
（2针）（18针）（18针）（2针）（19针）
（2针）
左袖的挑针方法
腋下（15针）
（61针）
育克的第13行
后身片（83针）
编织花样 A
12针1个花样
边缘编织 C
身片的第1行
5针1个花样
边缘编织 B
▷ = 加线
▶ = 剪线

05 高领插肩袖毛衣 图片 p.19

〈材料和工具〉

●用线　芭贝 New 4PLY 灰色（446）290g/8团，米白色（403）80g/2团，黑色（424）30g/1团

●用针　钩针5/0号

〈成品尺寸〉 胸围98cm，衣长57.5cm，连肩袖长66cm

〈编织密度〉 10cm×10cm面积内：编织花样B 24针，11.5行

〈编织要点〉

育克…在领窝锁针起针后连接成环形，从锁针的半针和里山挑针，按编织花样A一边配色一边编织28行。腋下加入新线钩17针锁针后，将线剪断。身片…在腋下的中心加线，按编织花样B编织42行。下摆的边缘一边配色一边编织。袖子…在腋下的中心加线开始编织。一边在袖下减针，一边按编织花样B编织40行，接着在袖口编织3行边缘。衣领…第1行是在育克第1行的V字形长针根部之间的空隙里整段挑针钩织。

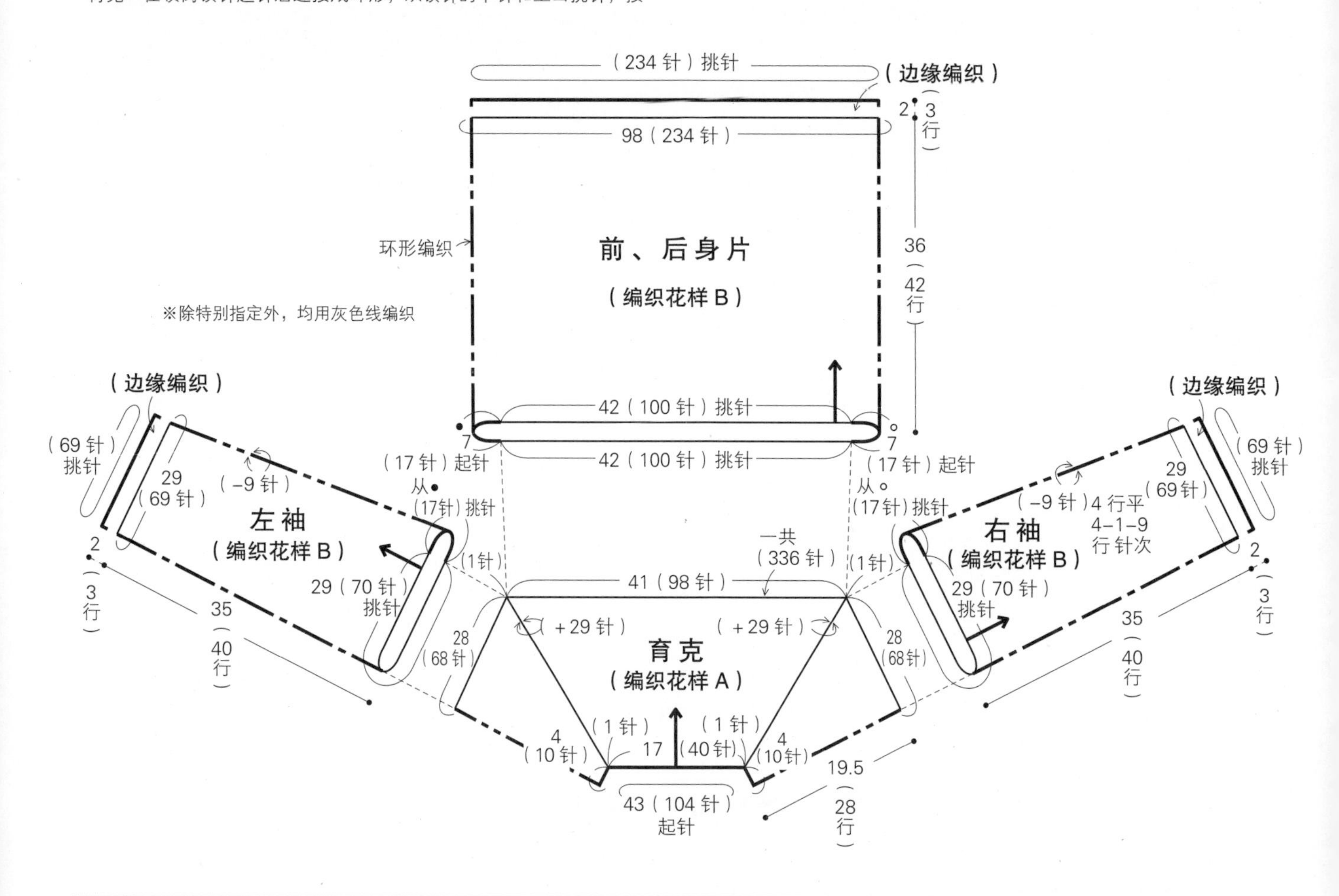

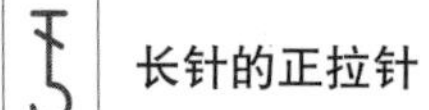
长针的正拉针

①
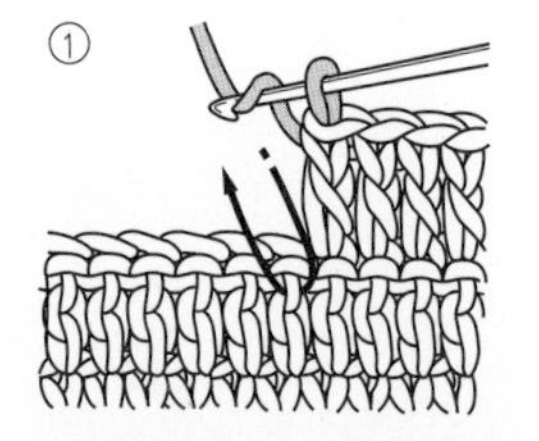
如箭头所示，将钩针从前面插入前一行针目的根部，钩织长针。

②
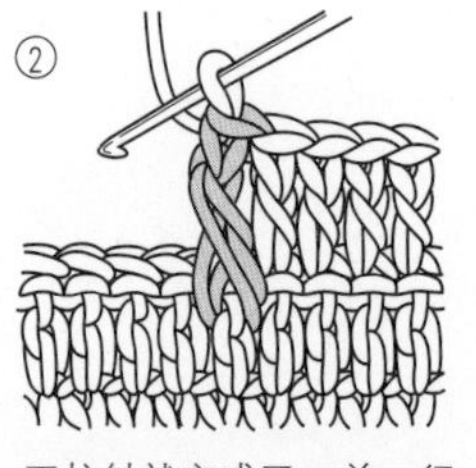
正拉针就完成了。前一行针目的头部出现在后面。

长针的反拉针

①
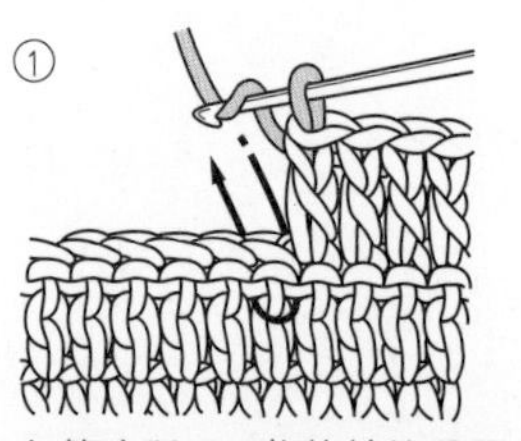
如箭头所示，将钩针从后面插入前一行针目的根部，钩织长针。

②
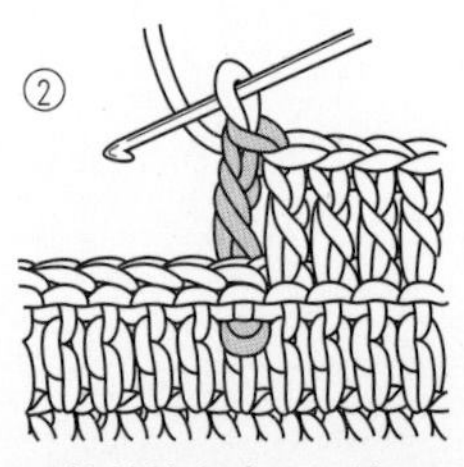
反拉针就完成了。前一行针目的头部出现在前面。

编织花样 A 育克

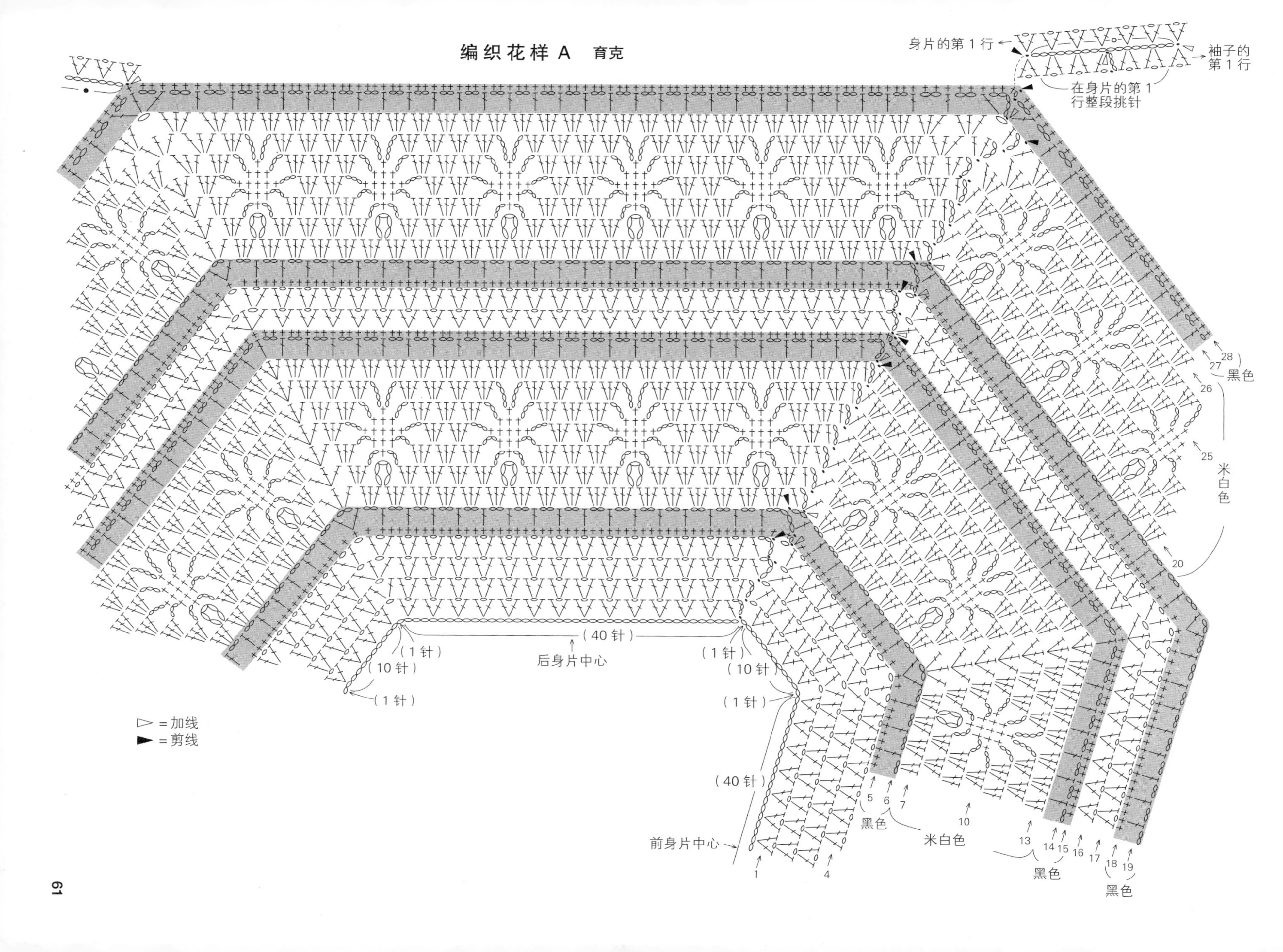
身片的第 1 行
袖子的第 1 行
在身片的第 1 行整段挑针
28
27
黑色
26
25
米白色
20
(40 针)
后身片中心
(1 针)
(10 针)
(1 针)
(1 针)
(10 针)
(1 针)
(40 针)
前身片中心
1
4
5
6
7
黑色
米白色
10
13
14
15
16
17
18
19
黑色
黑色
▷ = 加线
▶ = 剪线

*nek19=3

编织花样 B

←2
←1
3针1行1个花样

边缘编织

3针1个花样
←3
←2
黑色
←1 米白色
← 编织花样B的最后一行
▷ = 加线
▶ = 剪线

衣领(编织花样 B)

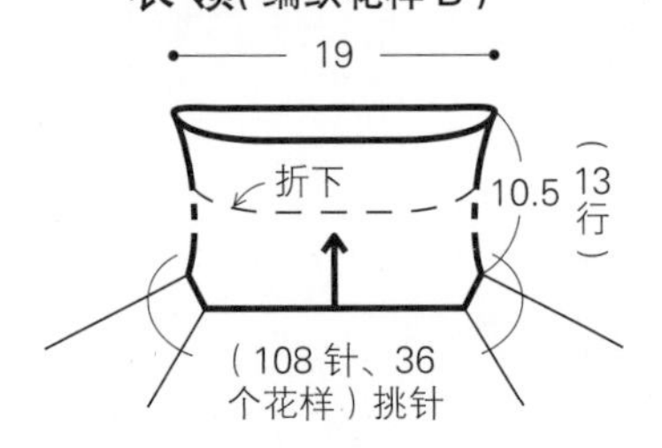

衣领的编织方法

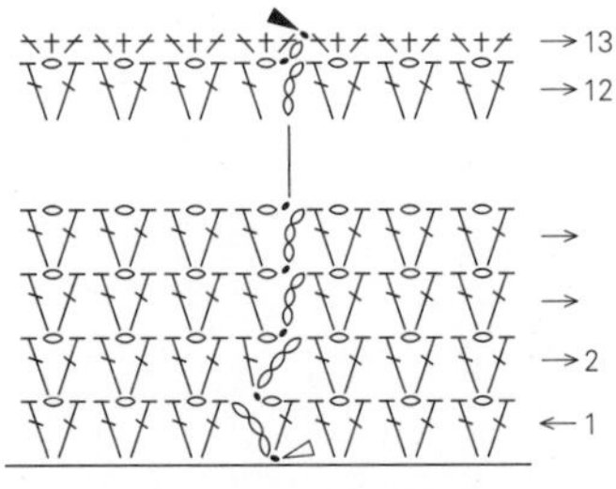

第1行与袖下从腋下挑针的方法相同，从第2行开始看着反面编织

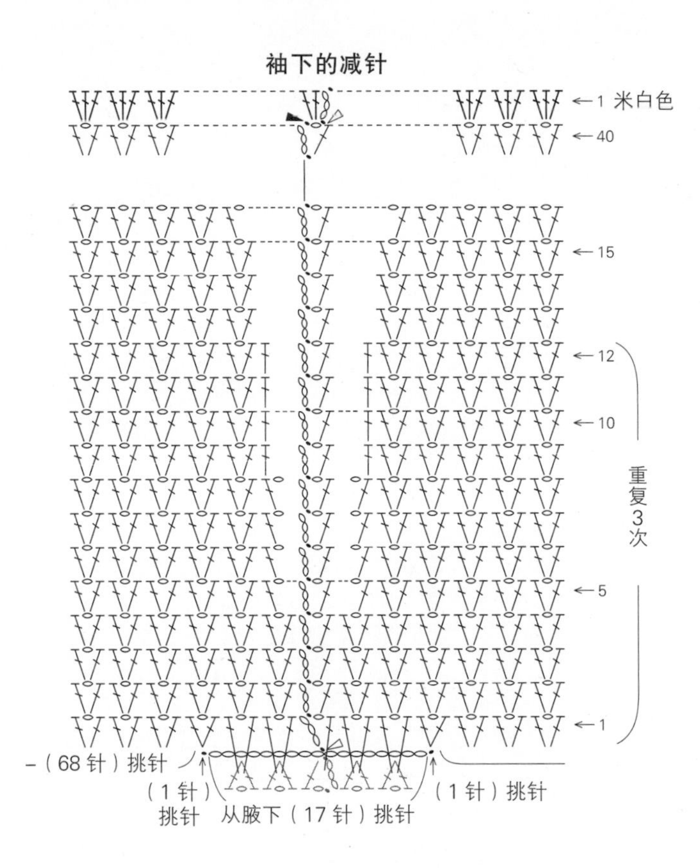

09 配色花样圆育克毛衣 图片 p.25

〈**材料和工具**〉

●用线　钻石毛线 DIA Tasmanian Merino 驼色(704)330g/9团，褐色(707)30g/1团，浅米色(703)、米白色(702)各25g/各1团

●用针　棒针6号、5号

〈**成品尺寸**〉 胸围97cm，衣长54cm，连肩袖长75.5cm

〈**编织密度**〉 10cm×10cm面积内：下针编织、配色花样均为23针，31.5行

〈**编织要点**〉

配色花样…用横向渡线的方法编织。育克…在领窝另线锁针起针后连接成环形，按配色花样和下针编织。将育克分成前身片、后身片、左袖和右袖，再将袖子部分的针目休针备用。在腋下另线钩15针锁针备用。身片…在左侧腋下的中心针目上加线，从腋下和育克挑针编织92行，接着编织20行单罗纹针。结束时做下针织下针、上针织上针的伏针收针。袖子…解开另线锁针，在腋下的中心加线，从腋下和育克挑针编织。下针编织部分立起袖下中心的1针，在其两侧做2针并1针的减针。配色花样部分做分散减针，一边减针一边编织至袖口。接着在袖口编织单罗纹针，结束时按与下摆相同的要领收针。衣领…解开另线锁针挑针后，编织单罗纹针，结束时按与下摆相同的要领收针。

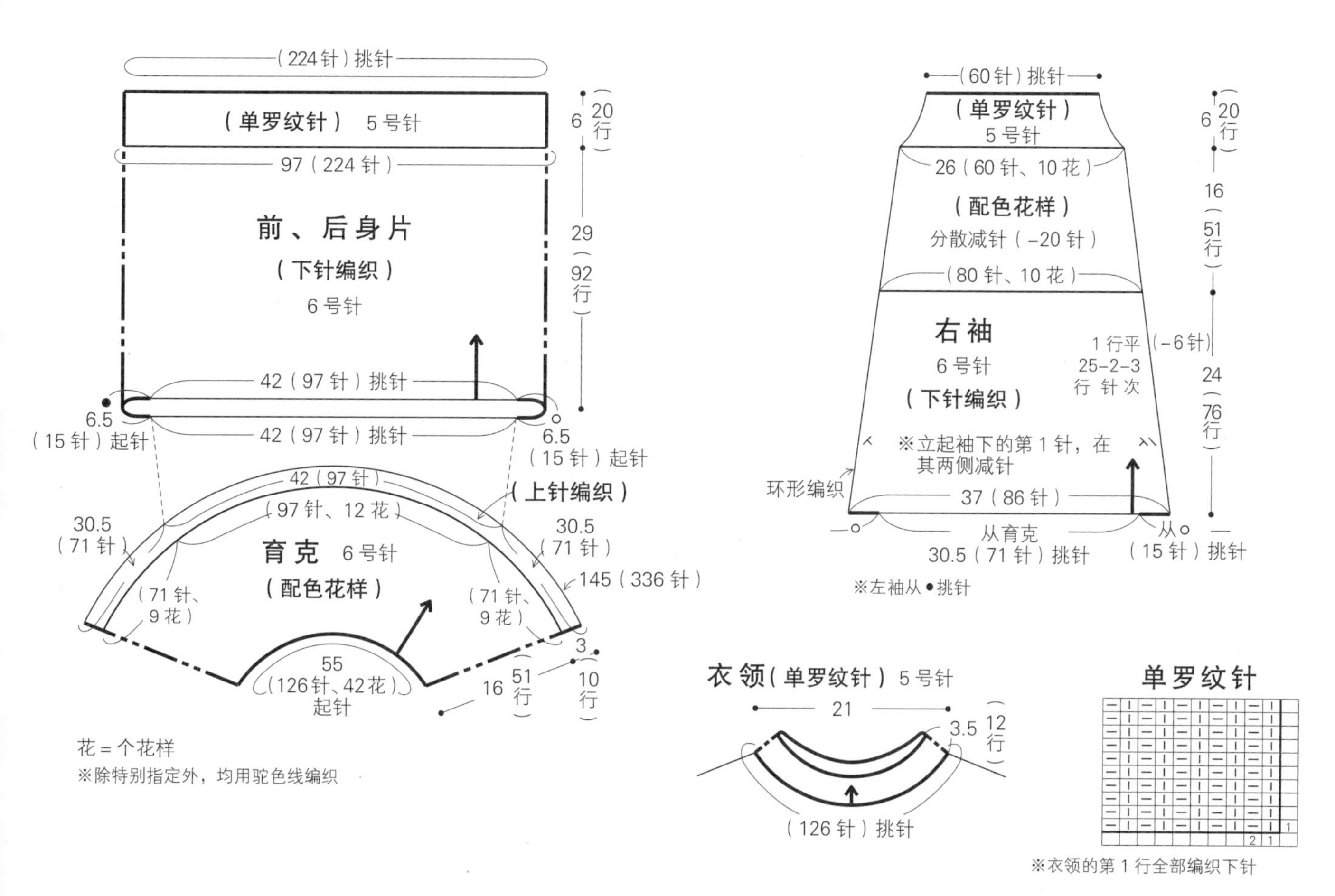

(224针)挑针
(单罗纹针) 5号针
6 20行
97(224针)
前、后身片
(下针编织)
6号针
29 92行
42(97针)挑针
6.5 (15针)起针
42(97针)挑针
6.5 (15针)起针
42(97针)
(97针、12花)
(上针编织)
30.5 (71针)
30.5 (71针)
育克 6号针
(配色花样)
(71针、9花)
(71针、9花)
145(336针)
55 (126针、42花)起针
16 51行
3 10行
花=个花样
※除特别指定外，均用驼色线编织
(60针)挑针
(单罗纹针)
5号针
6 20行
26(60针、10花)
(配色花样)
分散减针(-20针)
16 51行
(80针、10花)
右袖
6号针
(下针编织)
1行平
25-2-3
行 针 次
(-6针)
24 76行
※立起袖下的第1针，在其两侧减针
环形编织
37(86针)
从育克 30.5(71针)挑针
从 (15针)挑针
※左袖从●挑针
衣领(单罗纹针) 5号针
21
3.5 12行
(126针)挑针
单罗纹针
※衣领的第1行全部编织下针

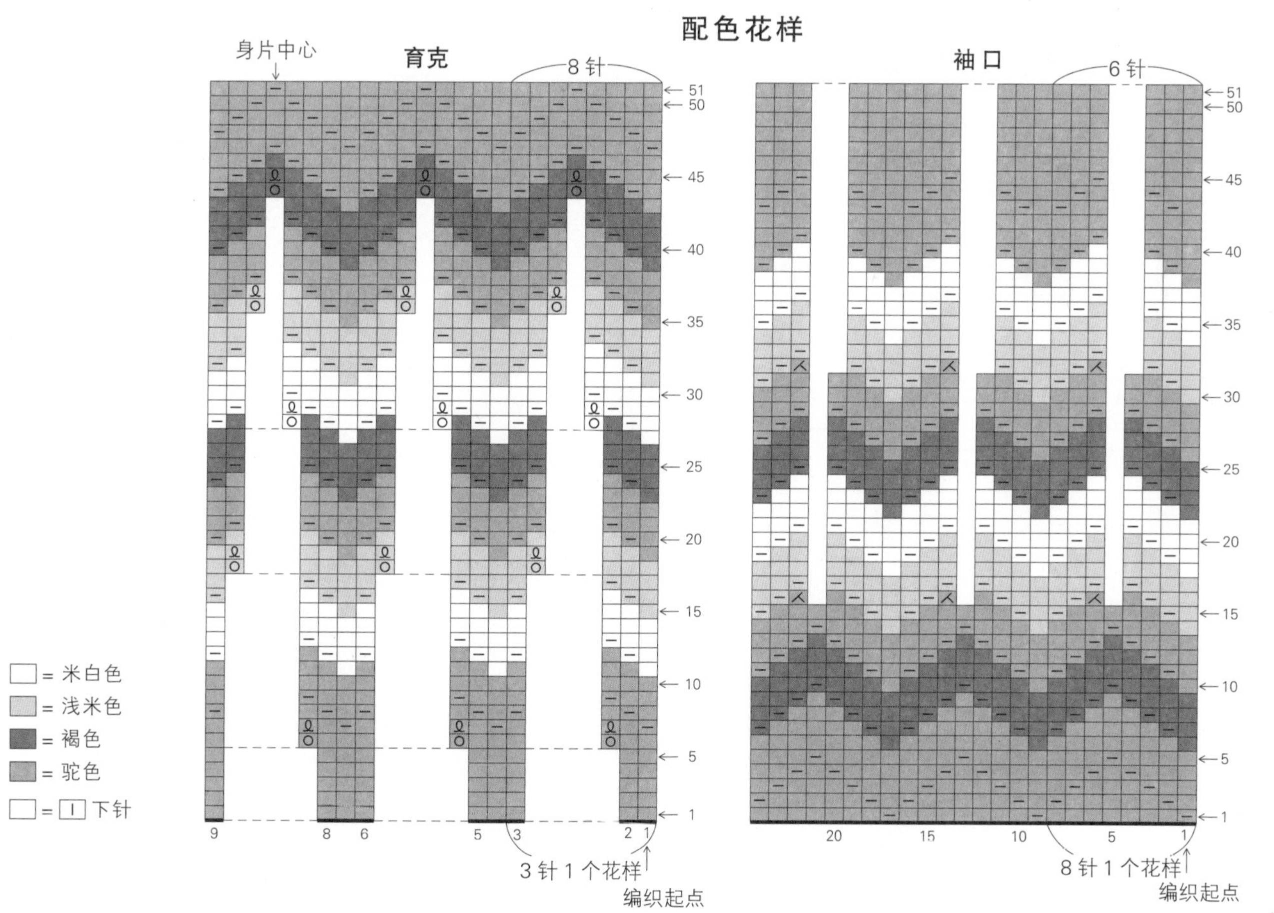

配色花样
身片中心
育克
8针
袖口
6针
□=米白色
□=浅米色
■=褐色
■=驼色
□=□下针
3针1个花样
编织起点
8针1个花样
编织起点

06 阿兰花样开衩半身裙 图片 p.20

〈材料和工具〉

- ●用线　DARUMA Shetland Wool 芥末黄色（6）380g/8团
- ●用针　钩针6/0号
- ●其他　2cm宽的松紧带70cm

〈成品尺寸〉 腰围68cm，裙长70cm

〈编织密度〉 10cm×10cm面积内：长针17针，9.5行

〈编织要点〉

编织花样…交叉的针目是长长针的拉针。钩织拉针时，注意根部要拉得稍微长一点。裙身…在腰部锁针起针后连接成环形，将起立针放在右侧胁部，从锁针的半针和里山挑针编织。编织至后片的交叉花样位置，将线剪断。在对称位置加线，编织第1行剩下的部分至腰部的起立针。从第2行开始做环形的往返编织，按长针、编织花样A和B编织至开衩止位。接着在裙子的前片编织11行至下摆。在左侧腰部加线，

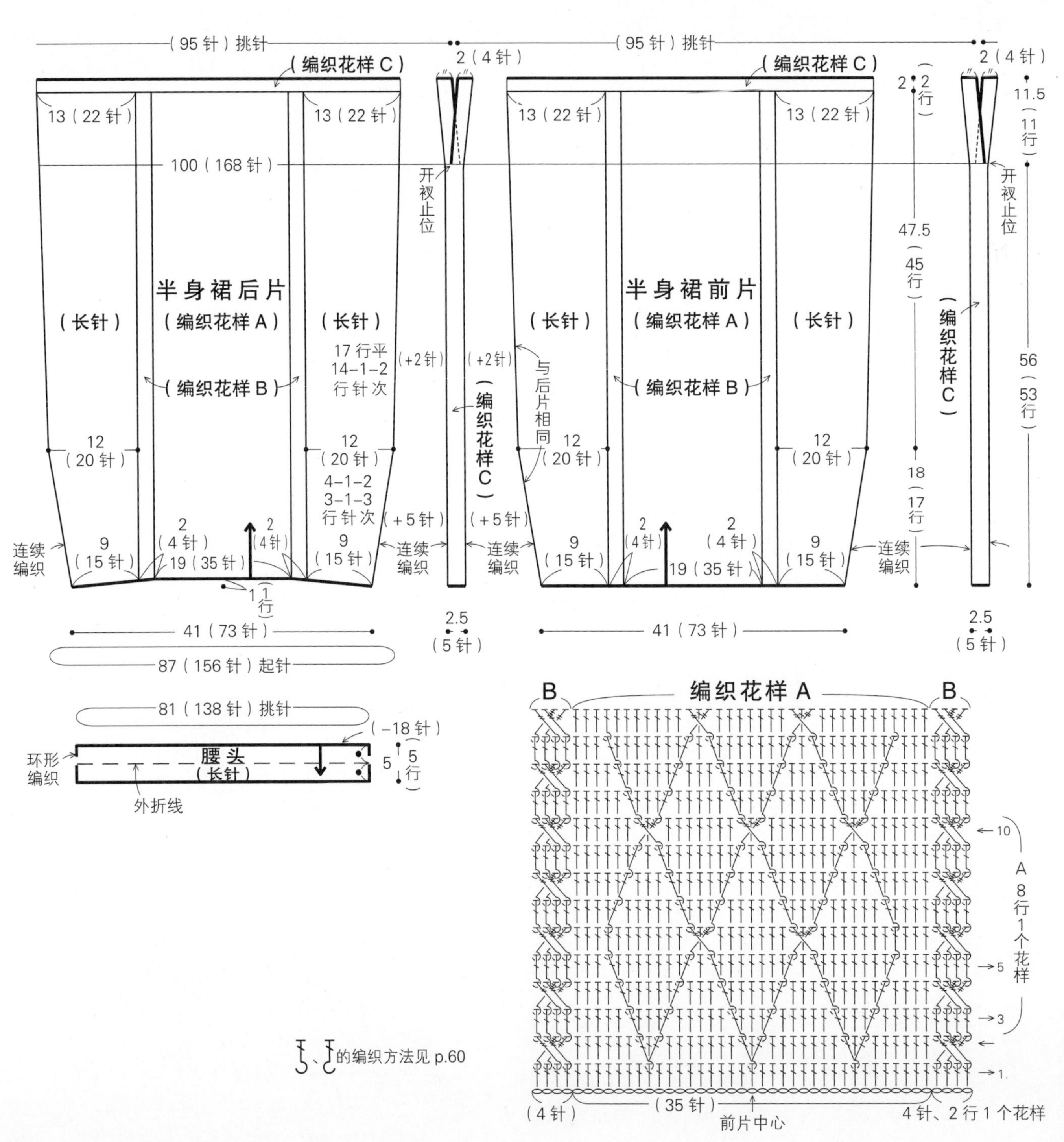

编织裙子的后片。腰头…在腰部加线钩起立针，如图所示一边跳过起针针目减18针，一边编织第1行。将松紧带的两端重叠2cm缝成环形备用。将腰头向内侧翻折，夹住松紧带，再将最后一行的半针与腰头的挑针位置每隔1针做藏针缝缝合。

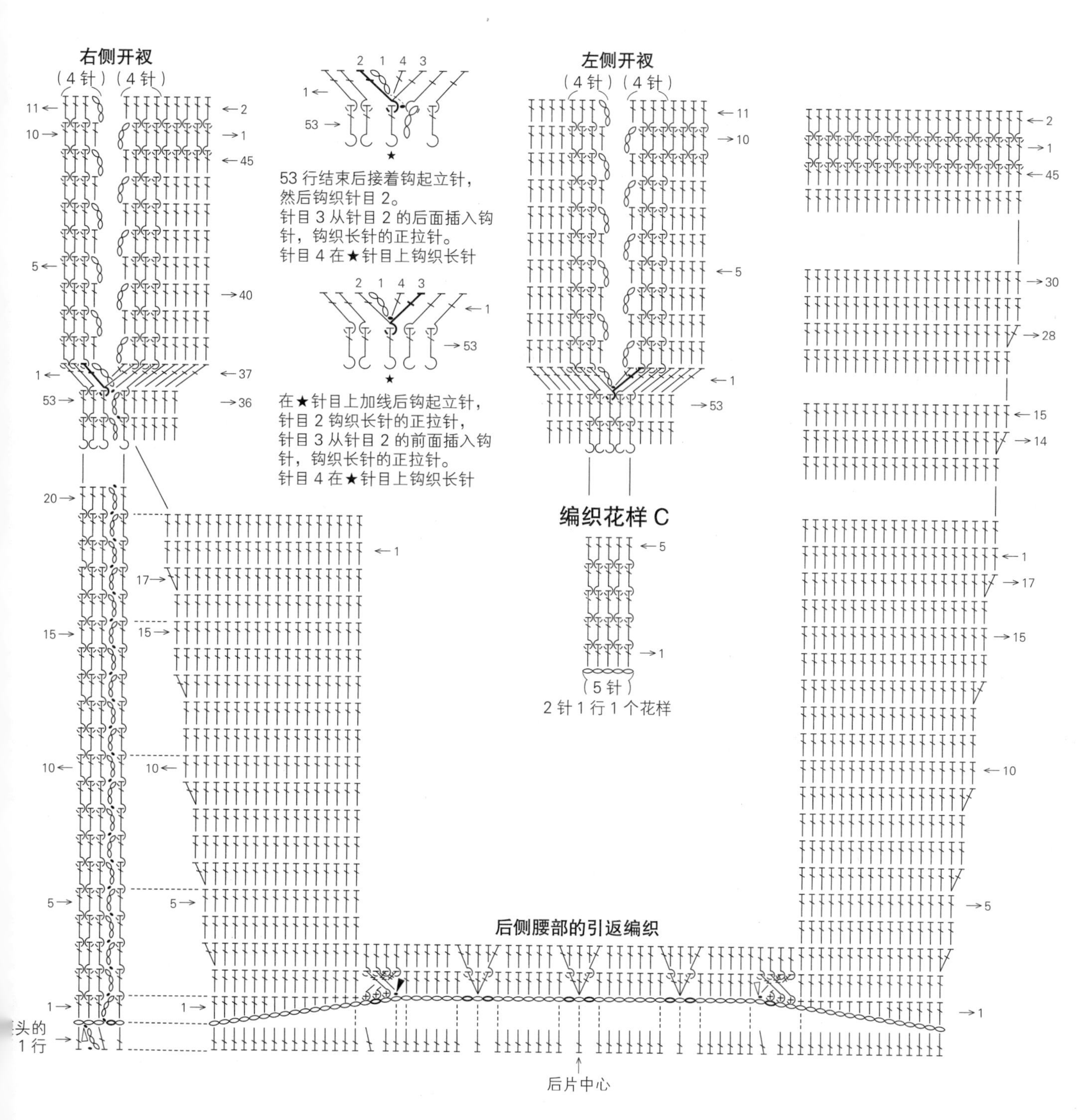

右侧开衩
（4针）（4针）
53行结束后接着钩起立针，
然后钩织针目2。
针目3从针目2的后面插入钩针，钩织长针的正拉针。
针目4在★针目上钩织长针
在★针目上加线后钩起立针，
针目2钩织长针的正拉针，
针目3从针目2的前面插入钩针，钩织长针的正拉针。
针目4在★针目上钩织长针
左侧开衩
（4针）（4针）
编织花样C
（5针）
2针1行1个花样
后侧腰部的引返编织
后片中心

07 阿兰花样喇叭裙 图片 p.21

〈材料和工具〉

●用线　芭贝 Queen Anny 深红色（818）550g/11团

●用针　棒针6号

●其他　3cm宽的松紧带 70cm

〈成品尺寸〉 腰围68cm，裙长69cm

〈编织密度〉 10cm×10cm面积内：下针编织20针，30行；编织花样A的1个花样33针14cm，10cm 28行

〈编织要点〉

裙身…在腰部另线锁针起针，按编织花样环形编织。通过菱形与生命之树图案之间的"上针的扭针加针"以及菱形图案本身的放大，下摆逐渐加宽。编织花样B的第1行一边编织一边在生命之树图案的两侧做左上2针并1针的减针，一共减12针。结束时做伏针收针。腰头…解开另线锁针挑针，在第1行做2针并1针的减针，均匀地减45针，剩下153针编织18行。结束时做伏针收针。将松紧带的两端重叠2cm缝成环形备用。将腰头向内侧翻折，夹住松紧带，再将伏针收针的半针与腰头的挑针位置做藏针缝缝合。

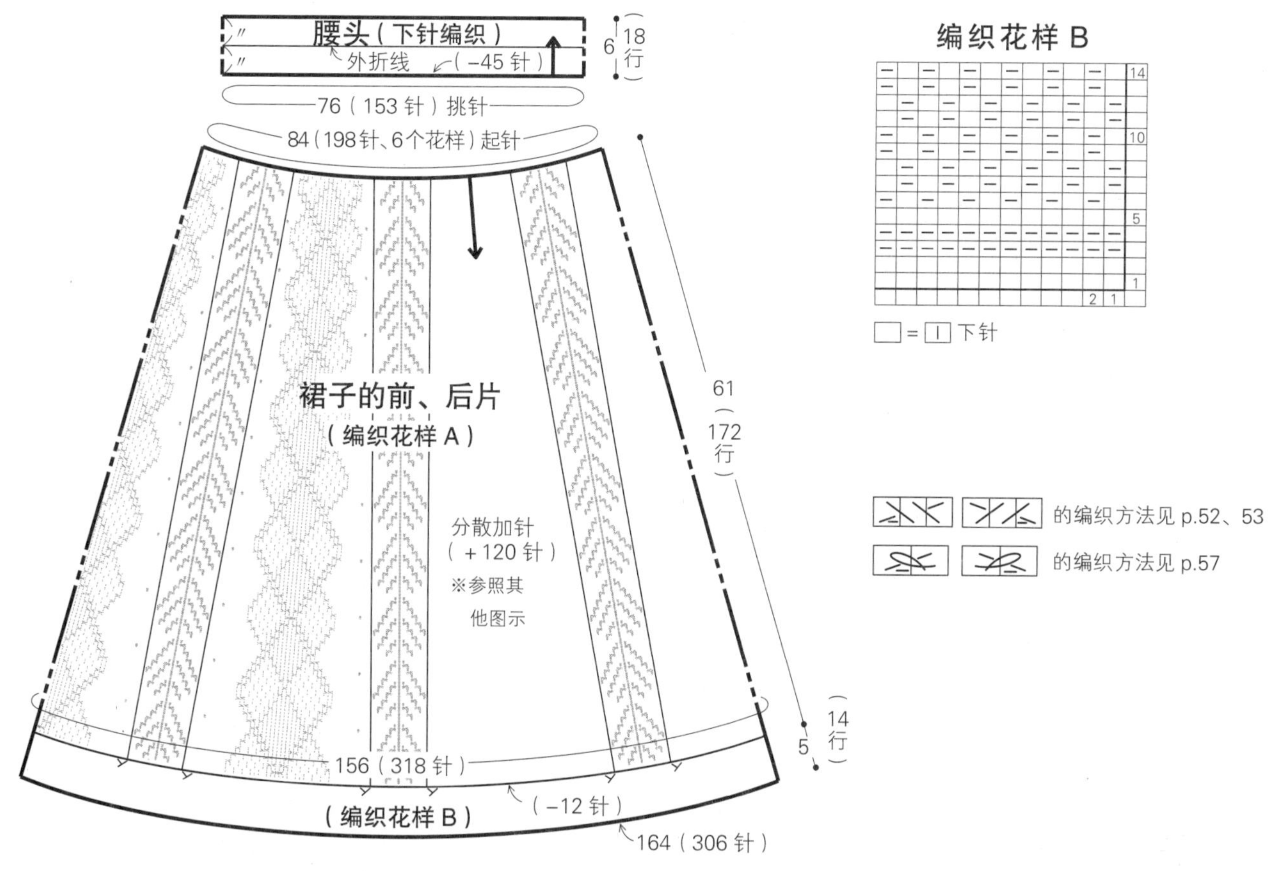

腰头（下针编织）
外折线
（-45针）
6（18行）
76（153针）挑针
84（198针、6个花样）起针
裙子的前、后片
（编织花样A）
分散加针
（+120针）
※参照其
他图示
61（172行）
5（14行）
156（318针）
（-12针）
（编织花样B）
164（306针）
编织花样B
14
10
5
1
2 1
= 下针
的编织方法见p.52、53
的编织方法见p.57

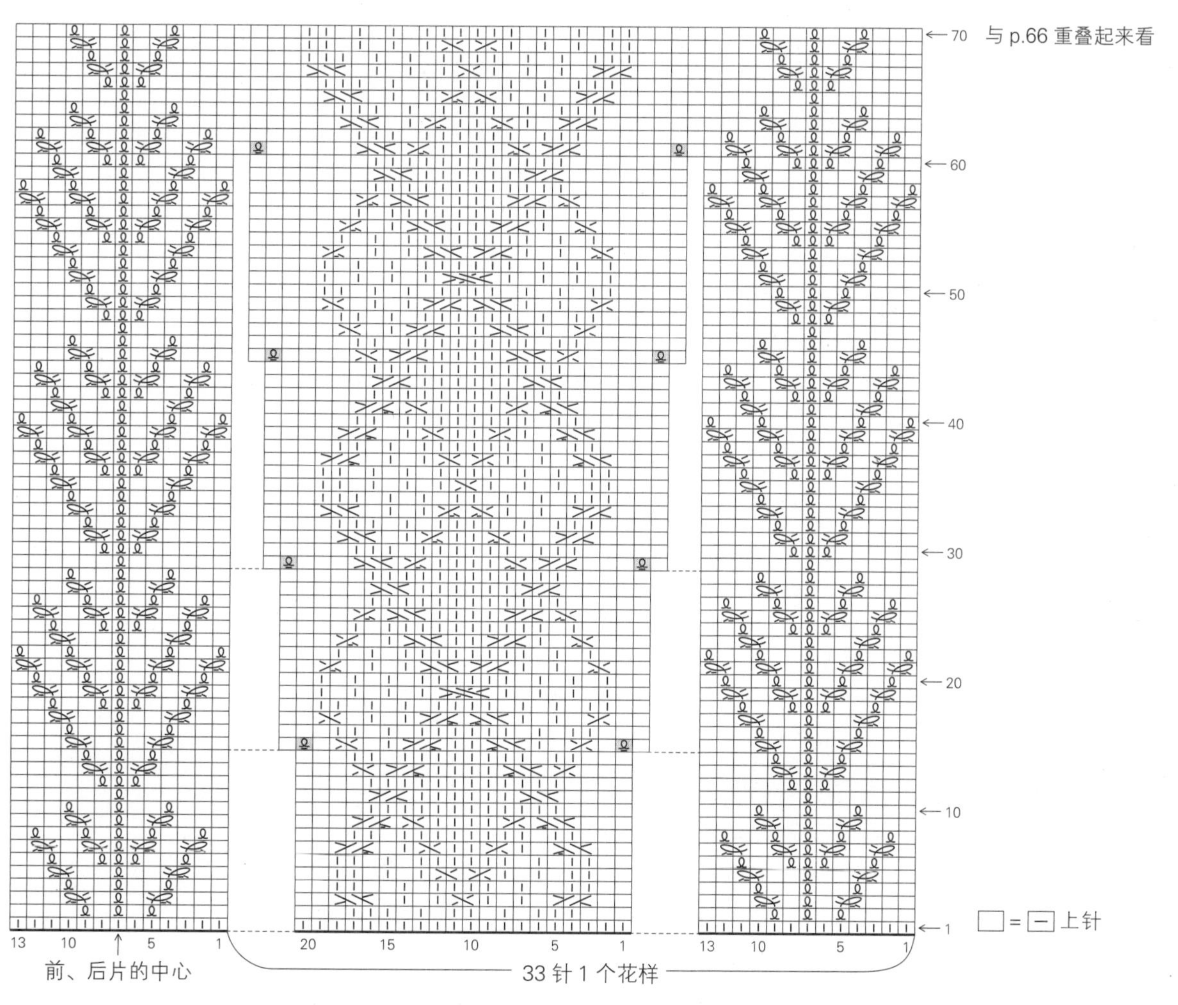

70
与p.66重叠起来看
60
50
40
30
20
10
1
= 上针
13 10 5 1
前、后片的中心
20 15 10 5 1
13 10 5 1
33针1个花样

08 阿兰花样插肩袖开衫

图片 p.22

〈材料和工具〉

●用线　DARUMA Airy Wool Alpaca 浅灰色（7）310g/11团

●用针　棒针6号、5号

●其他　2cm×2cm的纽扣3颗

〈成品尺寸〉胸围104cm，衣长53cm，连肩袖长60cm

〈编织密度〉10cm×10cm面积内：下针编织21.5针，编织花样A 28针，编织花样B 33针，均为30行

〈编织要点〉

育克…在领窝手指挂线起针，起102针，然后做编织花样A、B和下针编织。插肩线和前领窝通过挂针和扭针加针，前领窝从中间开始做卷针加针。在腋下另线钩8针锁针备用。身片…从育克部分接着按左前身片、左侧腋下、后身片、右侧腋下、右前身片的顺序挑针编织。继续编织至下摆的变化的罗纹针，结束时做伏针收针。袖子…从休针的育克部分以及解开另线锁针的腋下挑针，按下针和编织花样B环形编织。袖下加针时，立起袖下中心的2针，在其两侧编织挂针加针。在下一行将挂针编织成扭针。继续编织至袖口的变化的罗纹针，结束时做伏针收针。衣领、前门襟…按衣领、前门襟的顺序编织双罗纹针，结束时做伏针收针。右前门襟一边编织一边在中途留出扣眼。

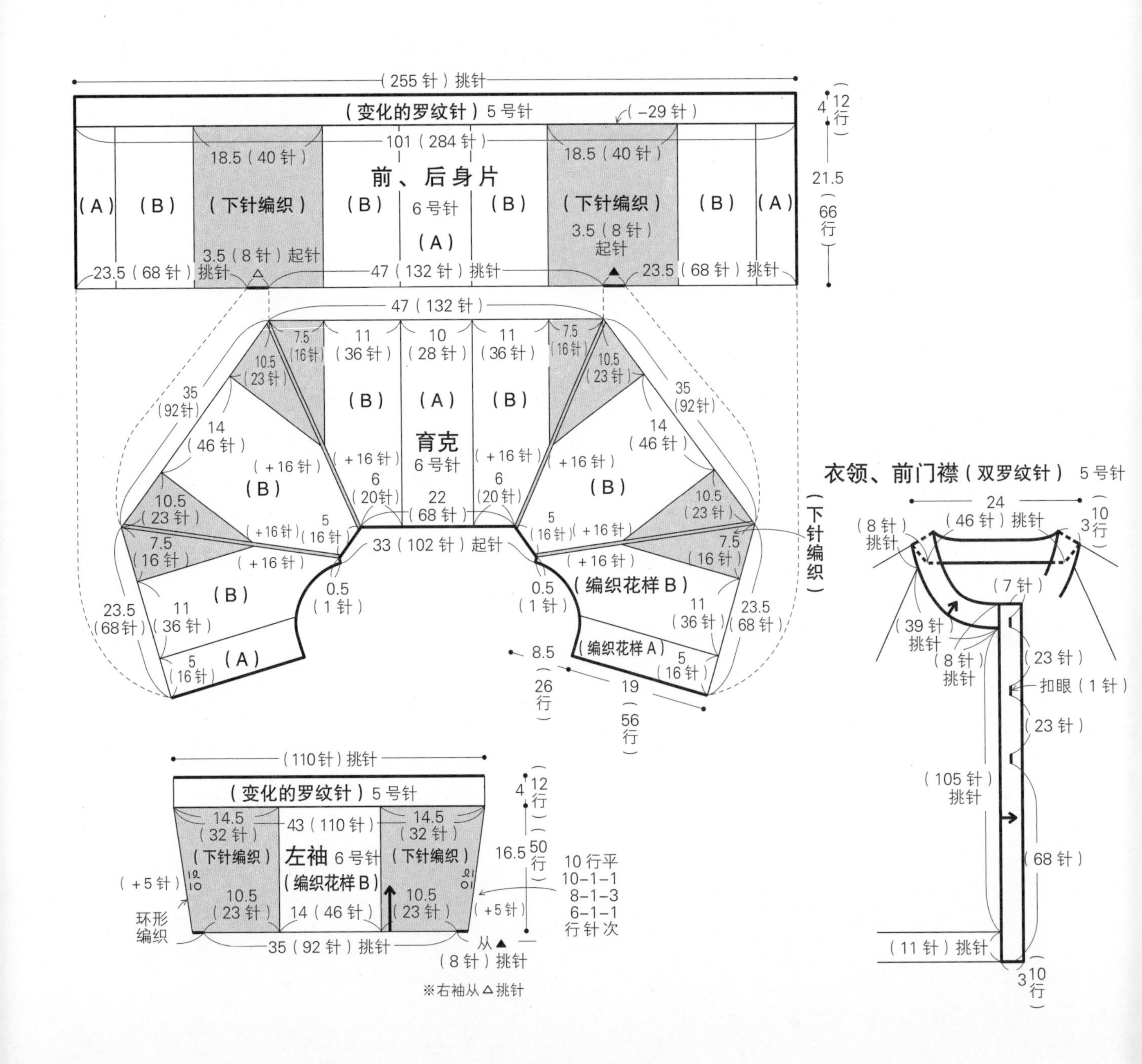

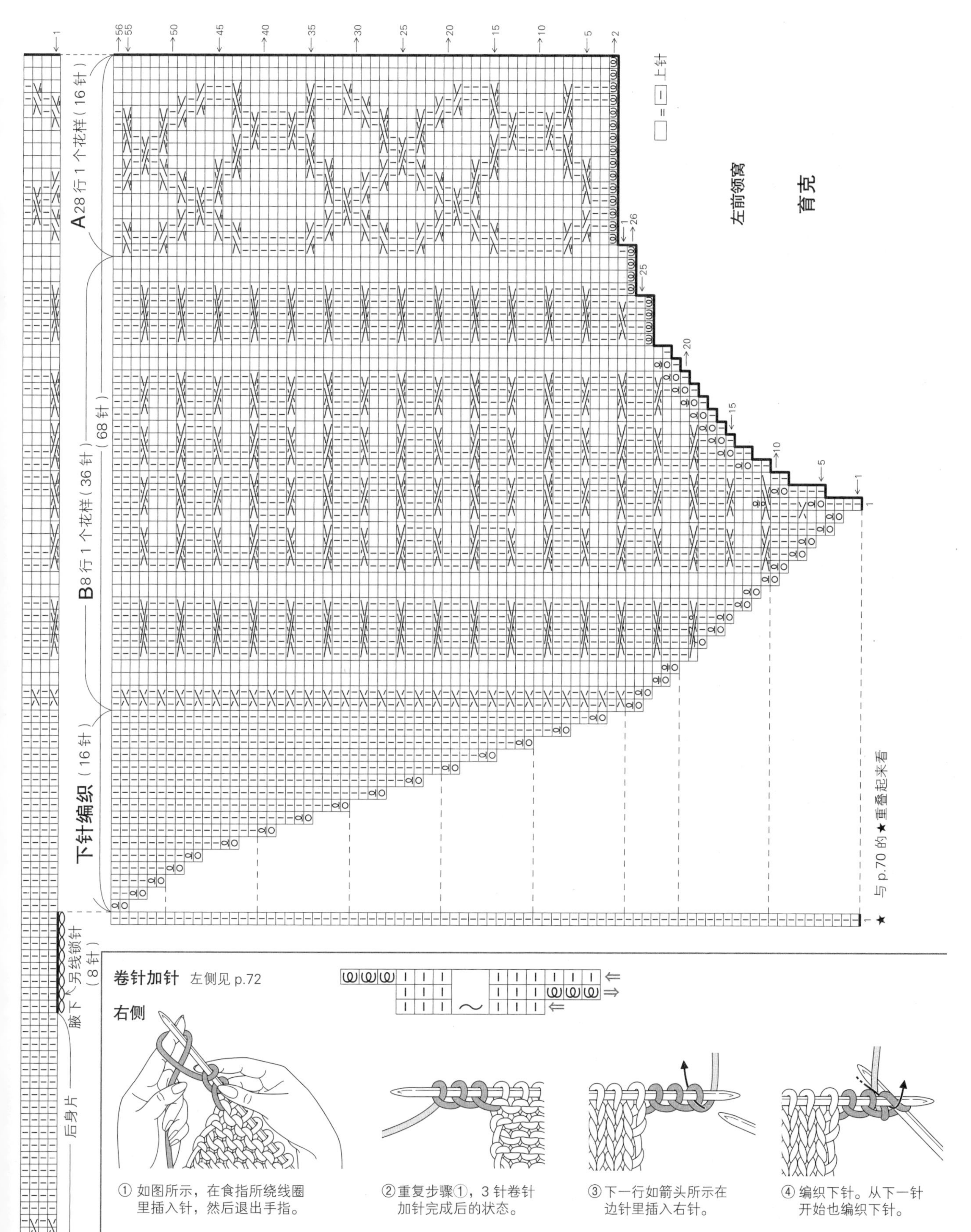

左前领窝
育克
□=□ 上针
A 28行1个花样（16针）
B 8行1个花样（36针）
（68针）
下针编织（16针）
另线锁针
（8针）
腋下
后身片
与p.70的★重叠起来看
卷针加针 左侧见 p.72
右侧
① 如图所示，在食指所绕线圈里插入针，然后退出手指。
② 重复步骤①，3针卷针加针完成后的状态。
③ 下一行如箭头所示在边针里插入右针。
④ 编织下针。从下一针开始也编织下针。

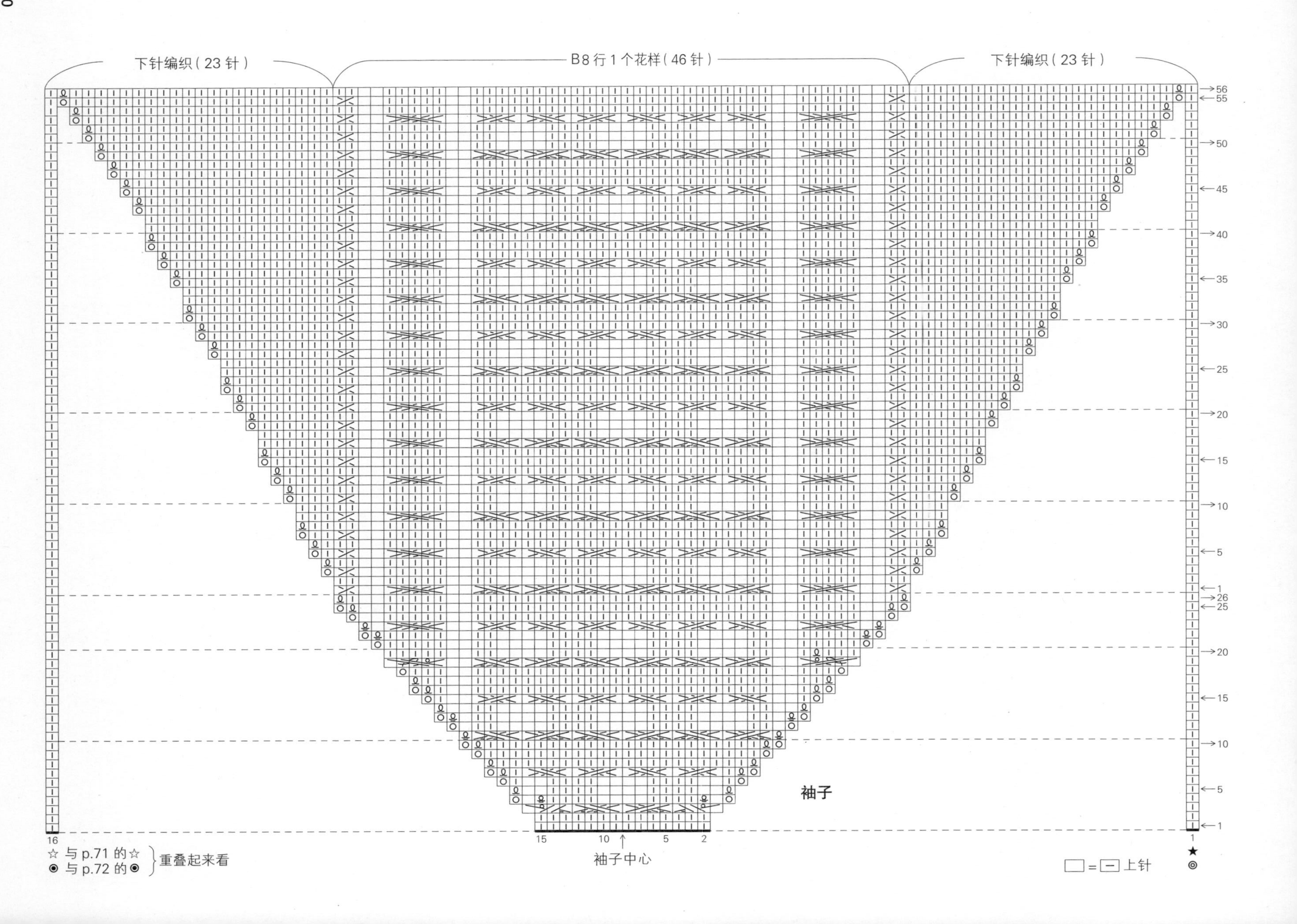
下针编织（23针）
B8行1个花样（46针）
下针编织（23针）
袖子
袖子中心
☆与p.71的☆
◉与p.72的◉
重叠起来看
□=□ 上针

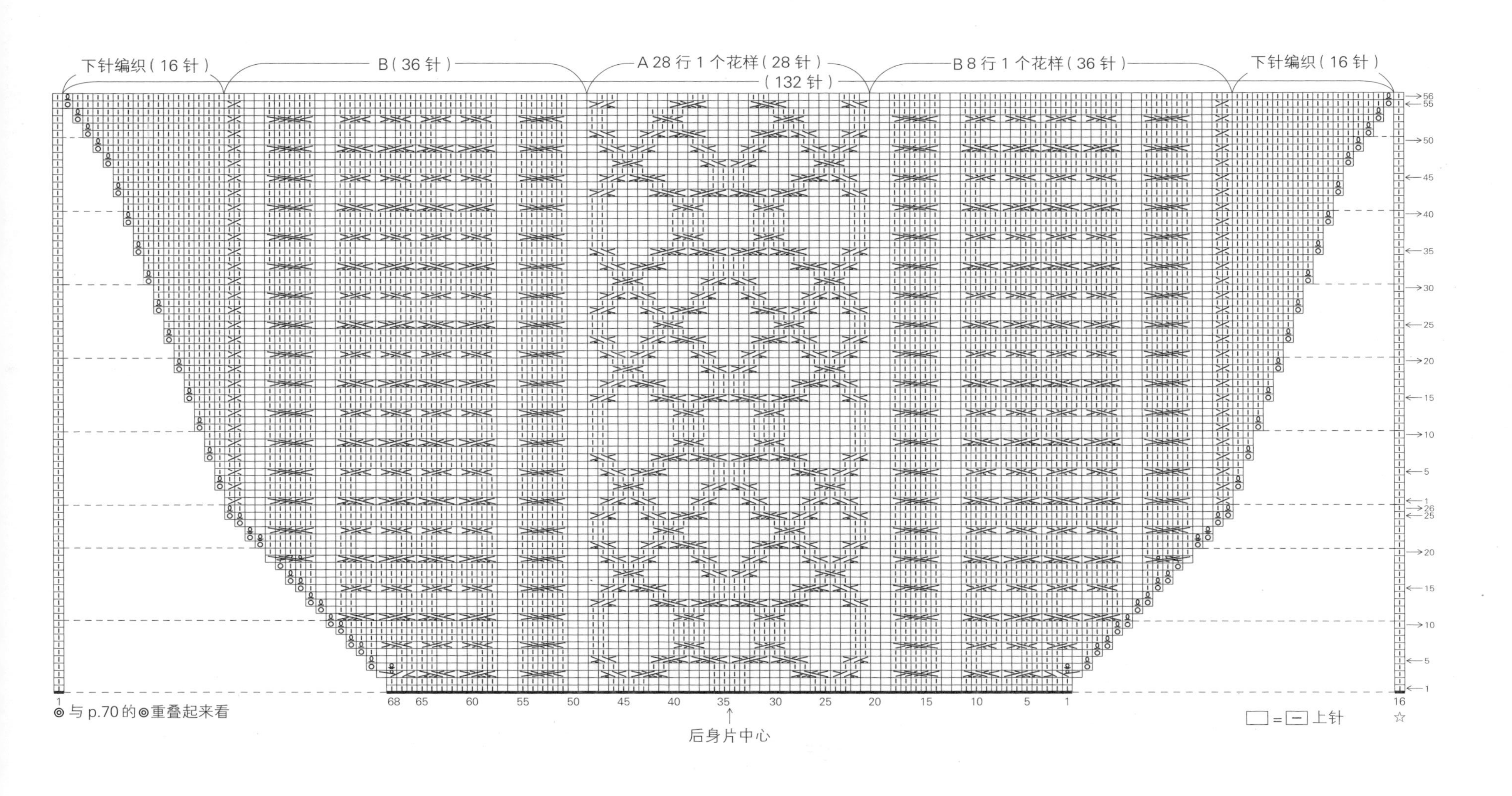
下针编织（16针）
B（36针）
A 28行1个花样（28针）
（132针）
B 8行1个花样（36针）
下针编织（16针）
◎与p.70的◎重叠起来看
后身片中心
□ = − 上针
☆

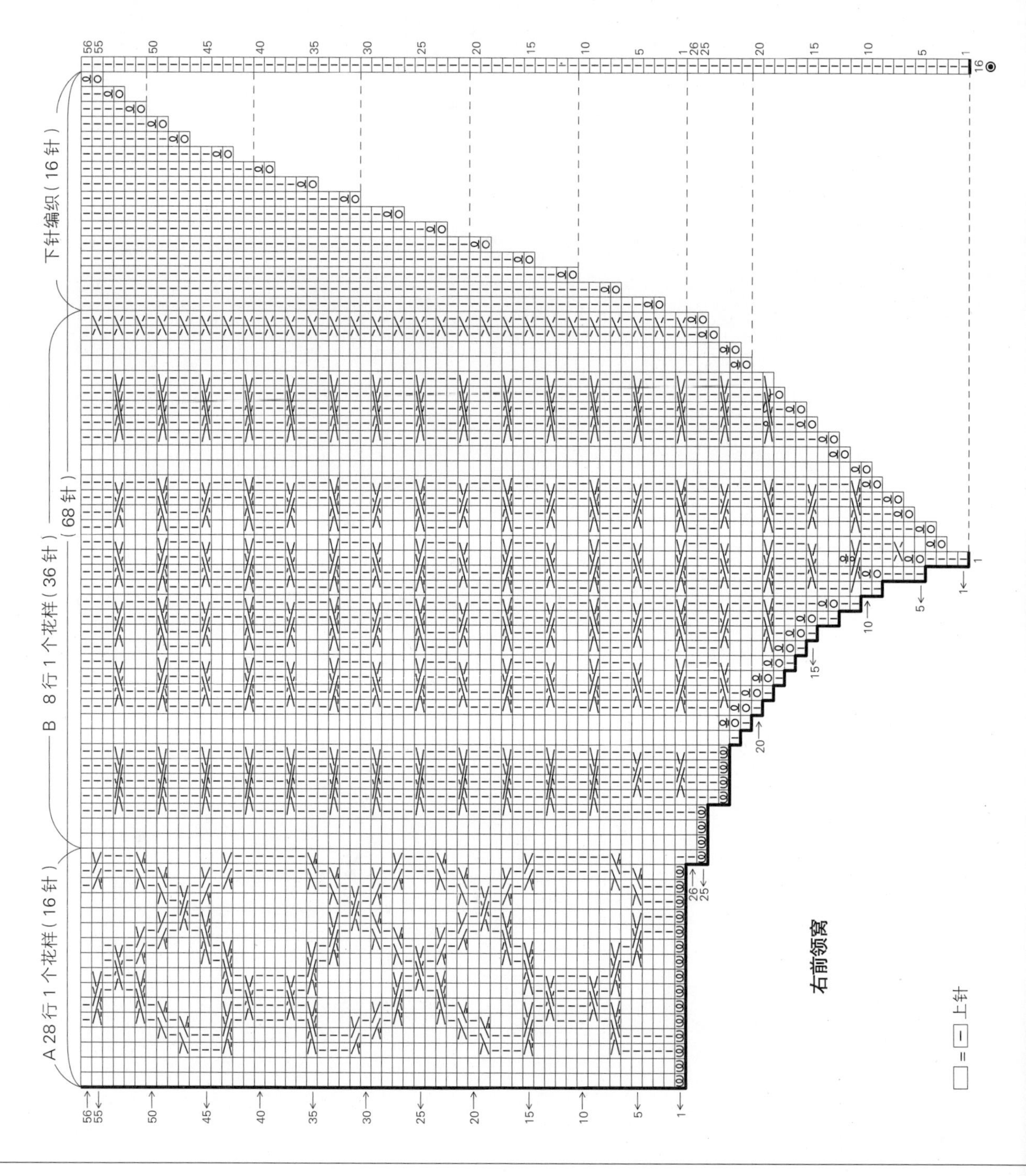

左侧

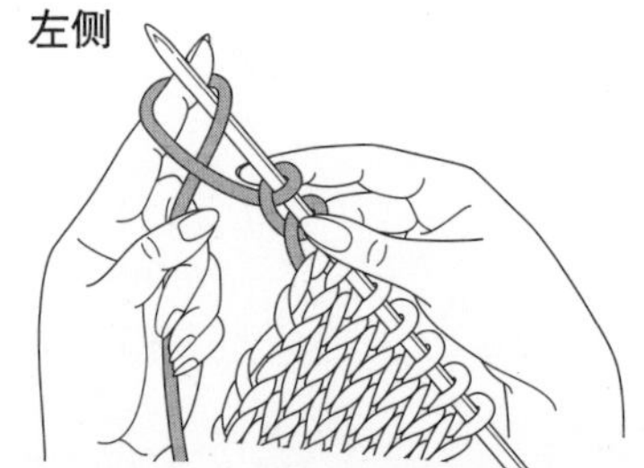

① 如图所示，在食指所绕线圈里插入针，然后退出手指。

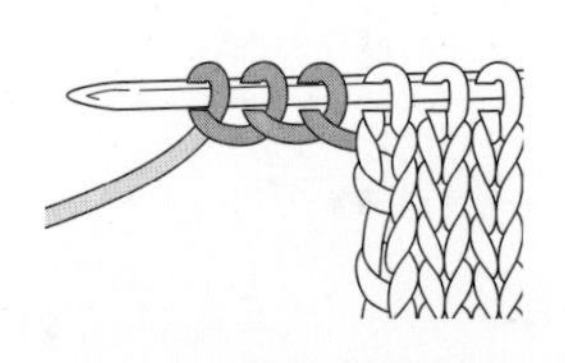

② 重复步骤①，3针卷针加针完成后的状态。

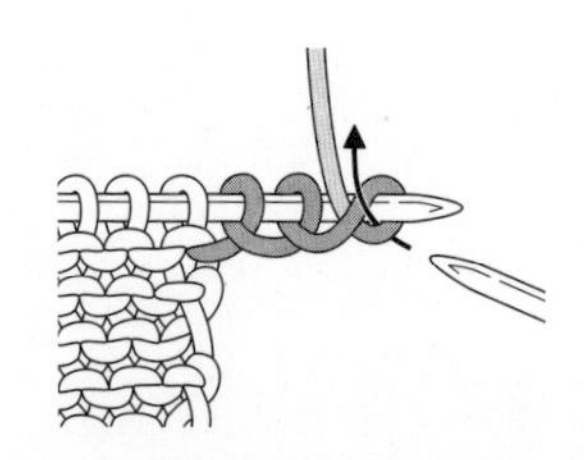

③ 下一行如箭头所示在边针里插入右针。

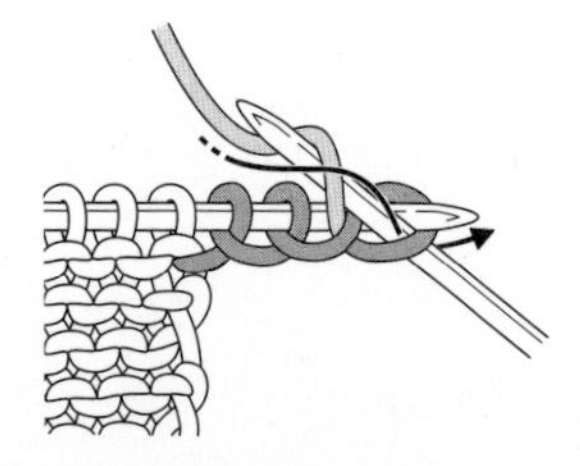

④ 编织上针。从下一针开始也编织上针。

变化的罗纹针的挑针方法

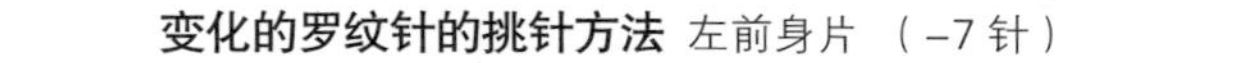

左前身片 （ –7 针 ）

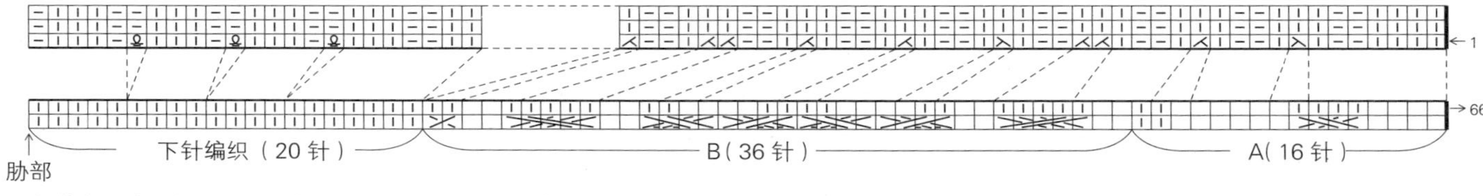

※右前身片除 B 部分以外呈左右对称地编织。B 部分按与后身片相同的要领编织

后身片 （ –15 针 ）

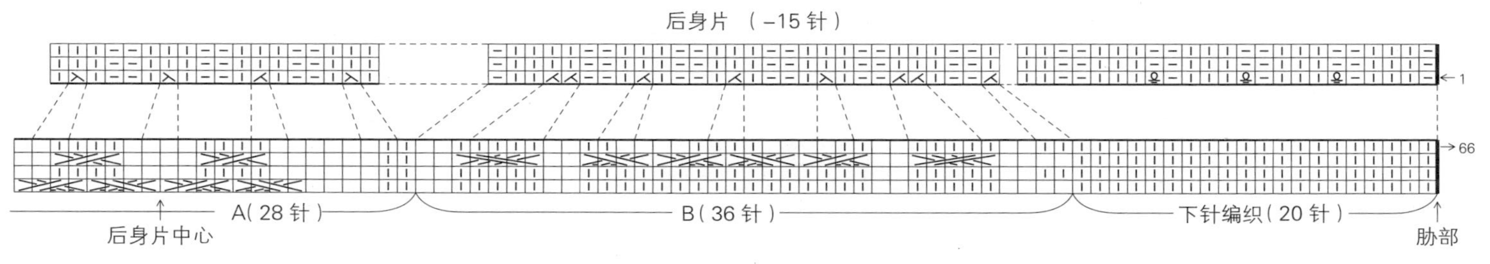

※从后身片中心开始，除 B 部分以外呈左右对称地编织。另一侧的 B 部分按与左前身片相同的要领编织

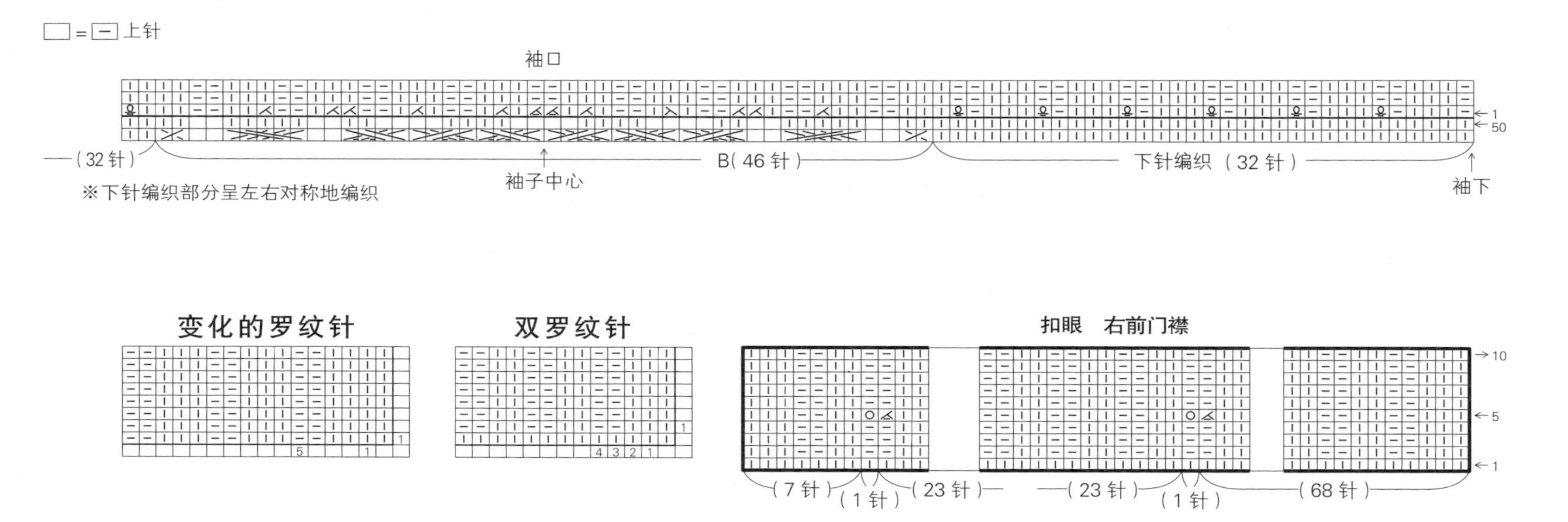

10 阿兰花样V领毛衣 图片 p.26

〈材料和工具〉
- ●用线 芭贝 Alba 蓝色（1063）315g/8团
- ●用针 棒针6号、4号

〈成品尺寸〉 胸围88cm，衣长51cm，连肩袖长67.5cm

〈编织密度〉 10cm×10cm面积内：上针编织23针，编织花样A、B 27针，均为29行

〈编织要点〉

这件毛衣是作品13的改编版，使用了不同的线材，而且将袖子改成了长袖。请参照p.75~77的花样符号图编织。

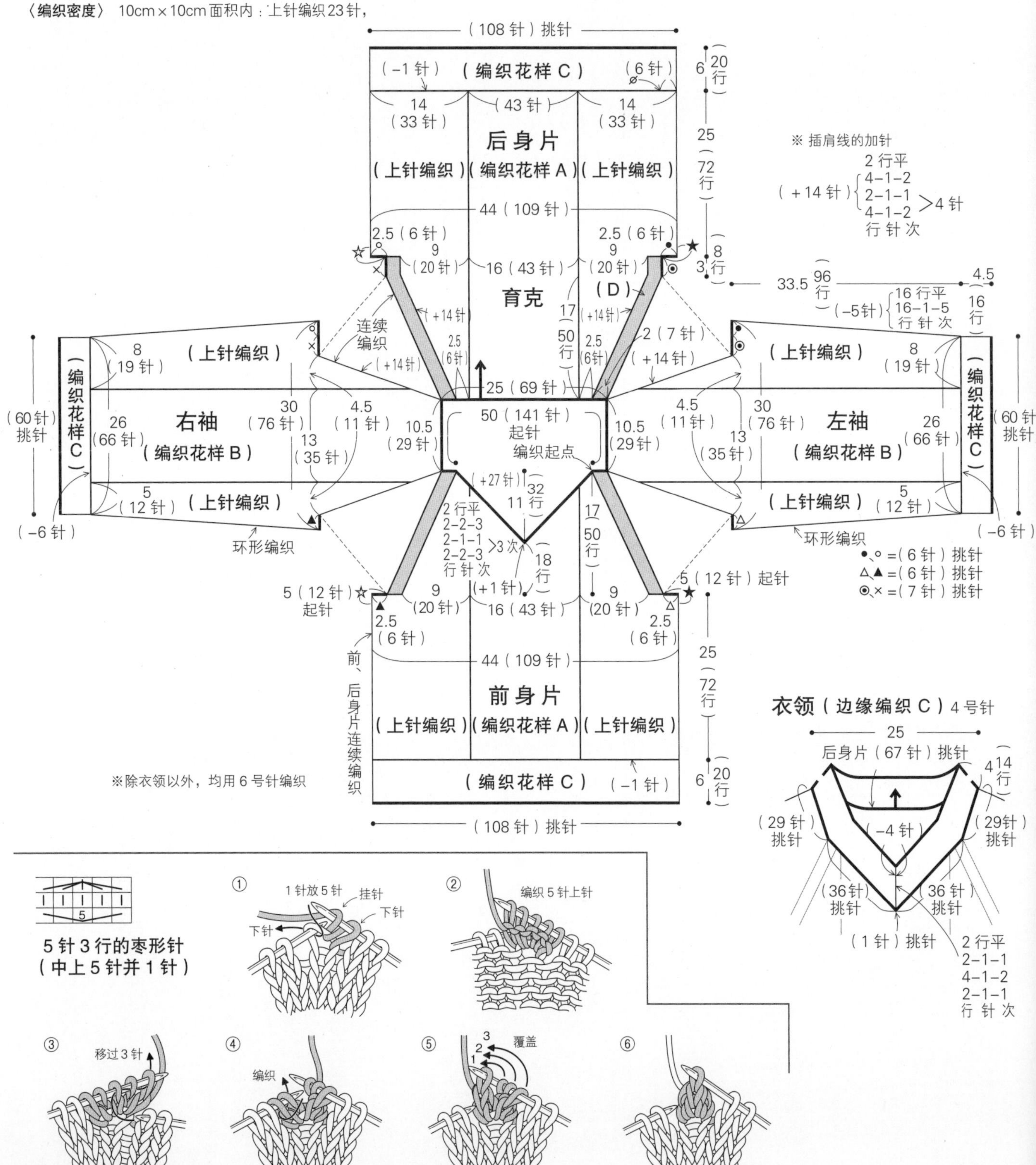

13 阿兰花样V领半袖毛衣 图片 p.40

〈材料和工具〉

●用线　和麻纳卡 Brillian 褐色 210g/6团

※作品首次发表时该颜色的线已经停产。请选择自己喜欢的颜色编织

●用针　棒针5号、3号

〈成品尺寸〉 胸围88cm，衣长51cm，连肩袖长39.5cm

〈编织密度〉 10cm×10cm面积内：上针编织23针，编织花样A、B 27针，均为29行

〈编织要点〉

育克…在领窝手指挂线起针，一边在两端做卷针加针，一边往返编织32行至V领结束。同时在4处插肩线（编织花样D）的两侧做卷针加针。V领结束后将线剪断，在后身片的编织花样D上加线，接着进行环形编织。身片…在后身片翻转正、反面往返编织前后差。然后腋下从另线锁针上挑针，将前、后身片连起来环形编织。下摆的编织花样C中，金钱花（穿过左针的盖针）花样要与身片呈连续状态，最后做扭针的单罗纹针收针。袖子…从育克以及腋下解开的另线锁针上挑针后环形编织。在袖下的两侧减针，按与身片下摆相同的要领编织袖口。衣领…挑针后按编织花样C编织。V领尖位置立起中心的扭针做3针并1针的减针。注意金钱花花样要与育克呈连续状态。

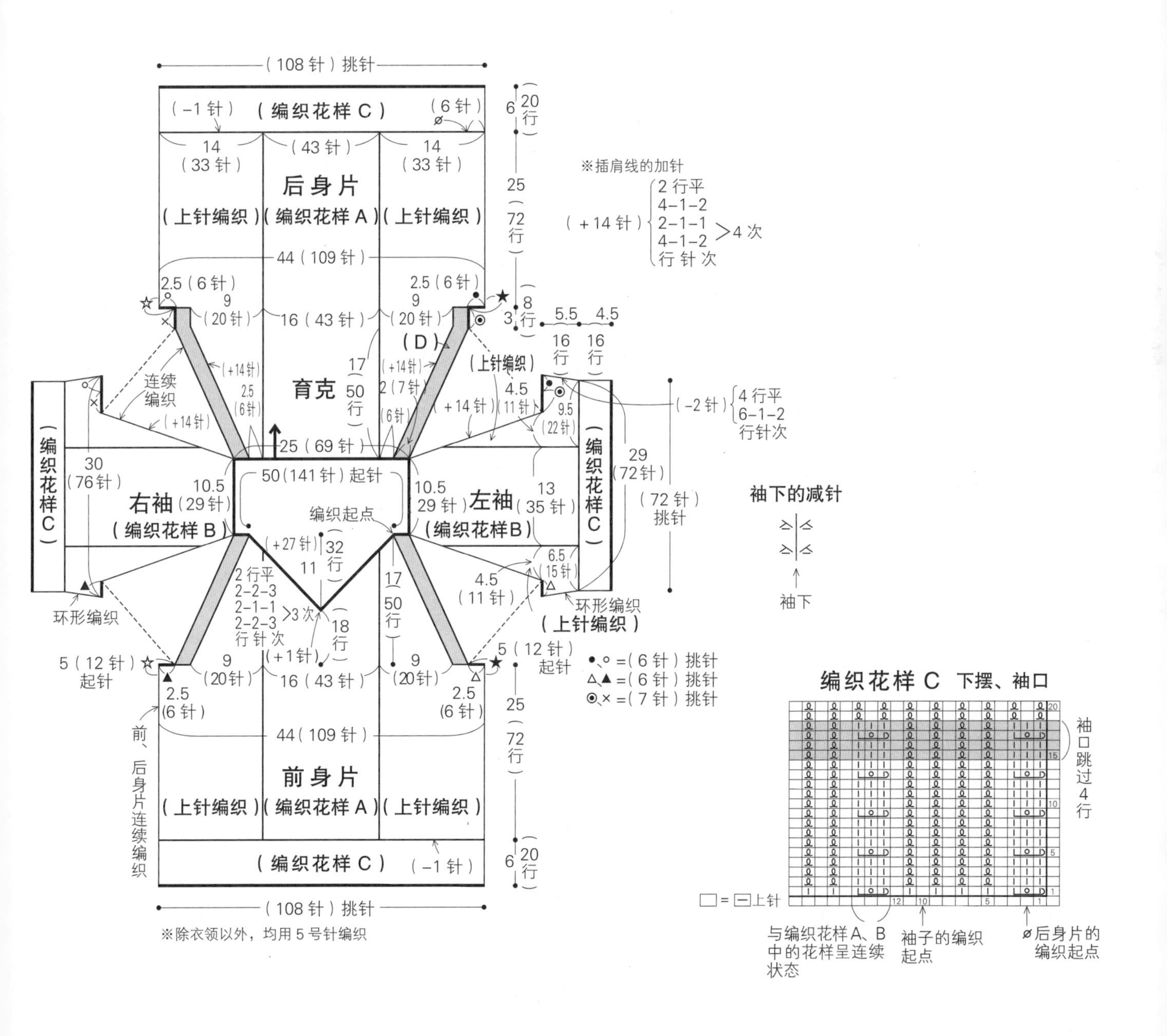

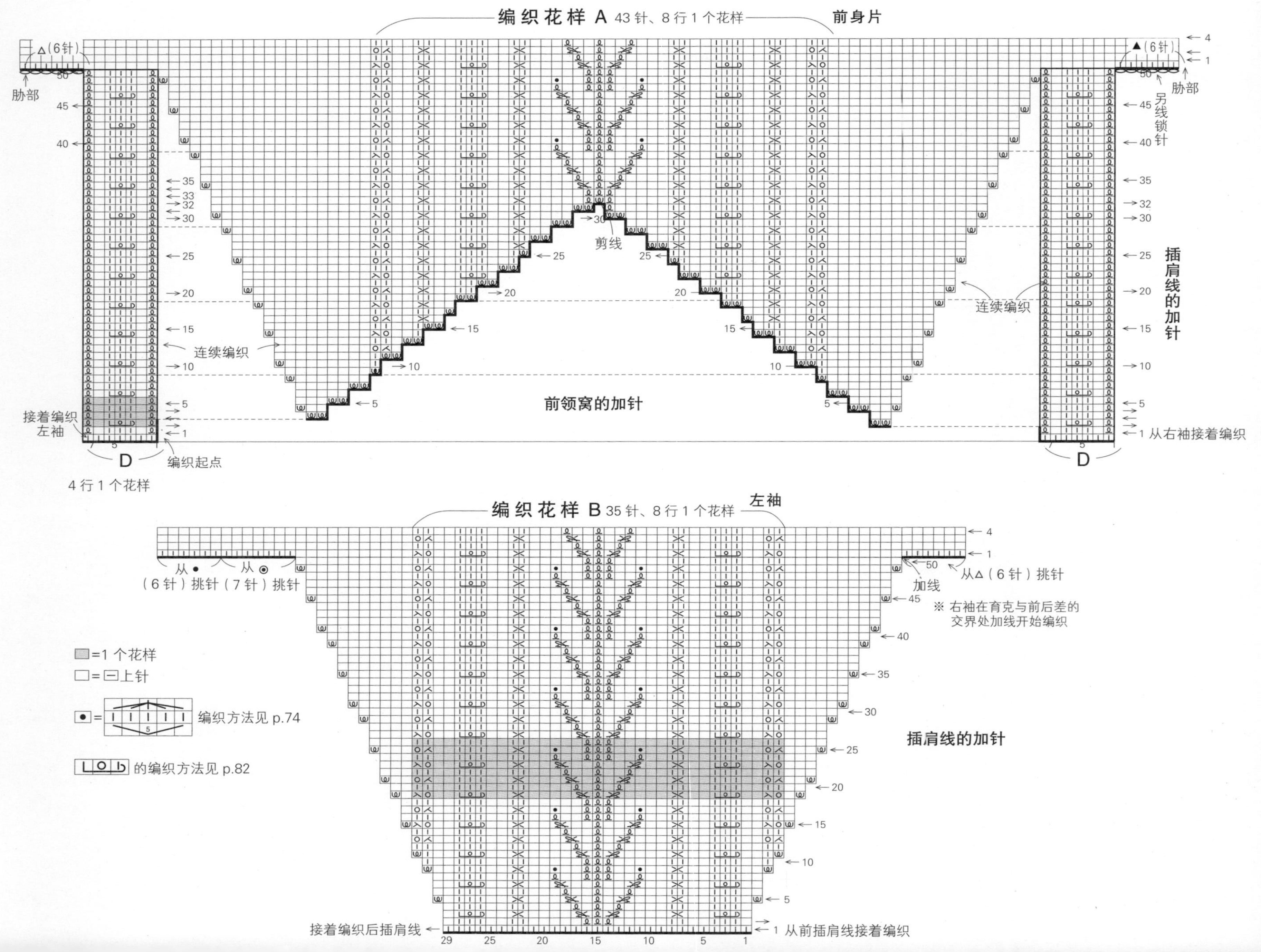

编织花样 A 43针、8行1个花样
前身片
△(6针)
▲(6针)
肋部
另线锁针
插肩线的加针
连续编织
剪线
前领窝的加针
接着编织左袖
编织起点
1 从右袖接着编织
D
4行1个花样
编织花样 B 35针、8行1个花样
左袖
从●(6针)挑针
从◎(7针)挑针
从△(6针)挑针
加线
※ 右袖在育克与前后差的交界处加线开始编织
插肩线的加针
接着编织后插肩线
1 从前插肩线接着编织
▒=1个花样
□=⊟上针
●= 编织方法见 p.74
的编织方法见 p.82

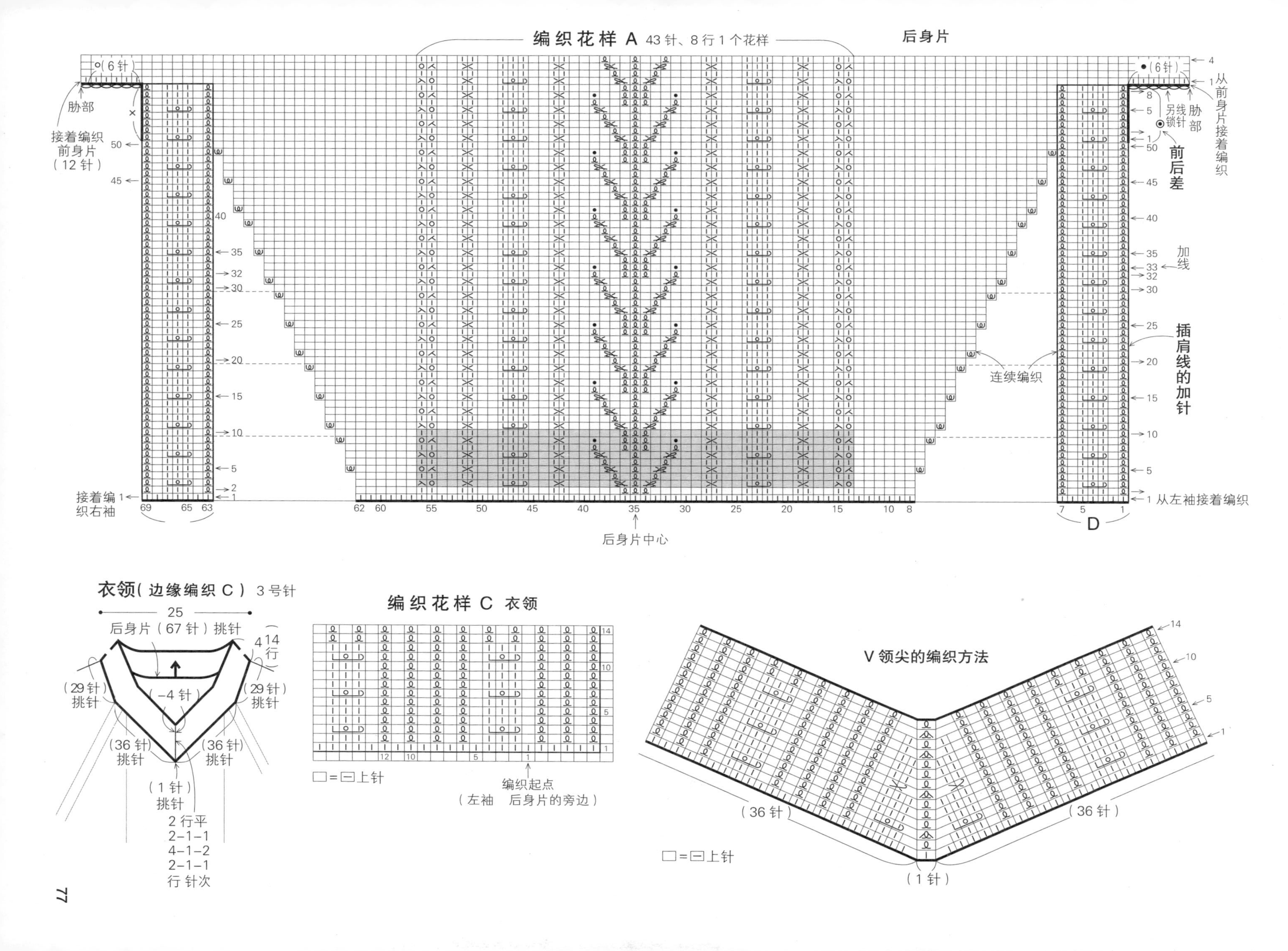

编织花样 A 43针、8行1个花样
后身片
(6针)
肋部
接着编织前身片(12针)
接着编织右袖
后身片中心
从前身片接着编织
另线锁针
前后差
加线
插肩线的加针
连续编织
从左袖接着编织
D
衣领(边缘编织 C) 3号针
25
后身片(67针)挑针
14行
(29针)挑针
(-4针)
(36针)挑针
(1针)挑针
2行平
2-1-1
4-1-2
2-1-1
行 针次
编织花样 C 衣领
□=⊟上针
编织起点
(左袖 后身片的旁边)
V领尖的编织方法
(36针)
(1针)
□=⊟上针

14 波浪花样 A 字形长衫 图片 p.41

〈材料和工具〉

●用线　和麻纳卡 Wash Cotton 灰色 420g/11 团

※作品首次发表时该颜色的线已经停产。请选择自己喜欢的颜色编织

●用针　棒针6号，钩针6/0号

〈成品尺寸〉 胸围84cm，衣长60.5cm，连肩袖长58.5cm

〈编织密度〉 10cm×10cm面积内：编织花样A 23针，26行

〈编织要点〉

育克…手指挂线起针，如图所示一边在麻花针的两侧做右加针和左加针，一边按编织花样A'编织。第39行只做左加针。身片…在育克的后身片部分翻转正、反面往返编织12行前后差。从另线锁针上挑取腋下针目，将前、后身片连起来按编织花样A环形编织，按与育克相同的要领在麻花针的两侧继续加针。下摆在前一行的麻花针位置各减2针，按边缘编织B编织。袖子…解开腋下的另线锁针挑针，在袖下加线，再从腋下和前后差上挑针，按与身片相同的要领编织。衣领…从育克的1个花样9针里各挑取7针，按边缘编织A编织。因为容易拉伸，所以编织得稍微紧一点。

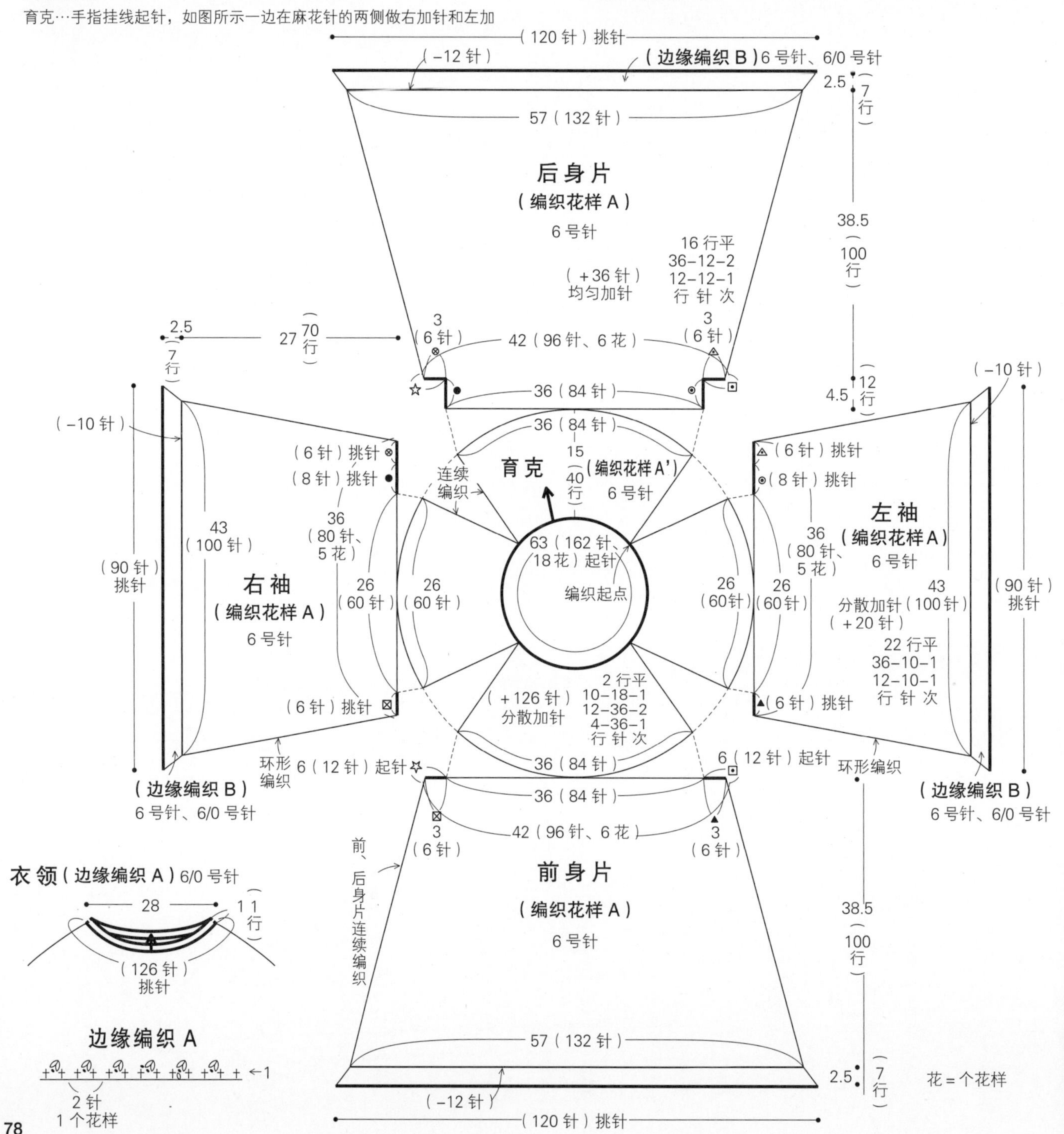

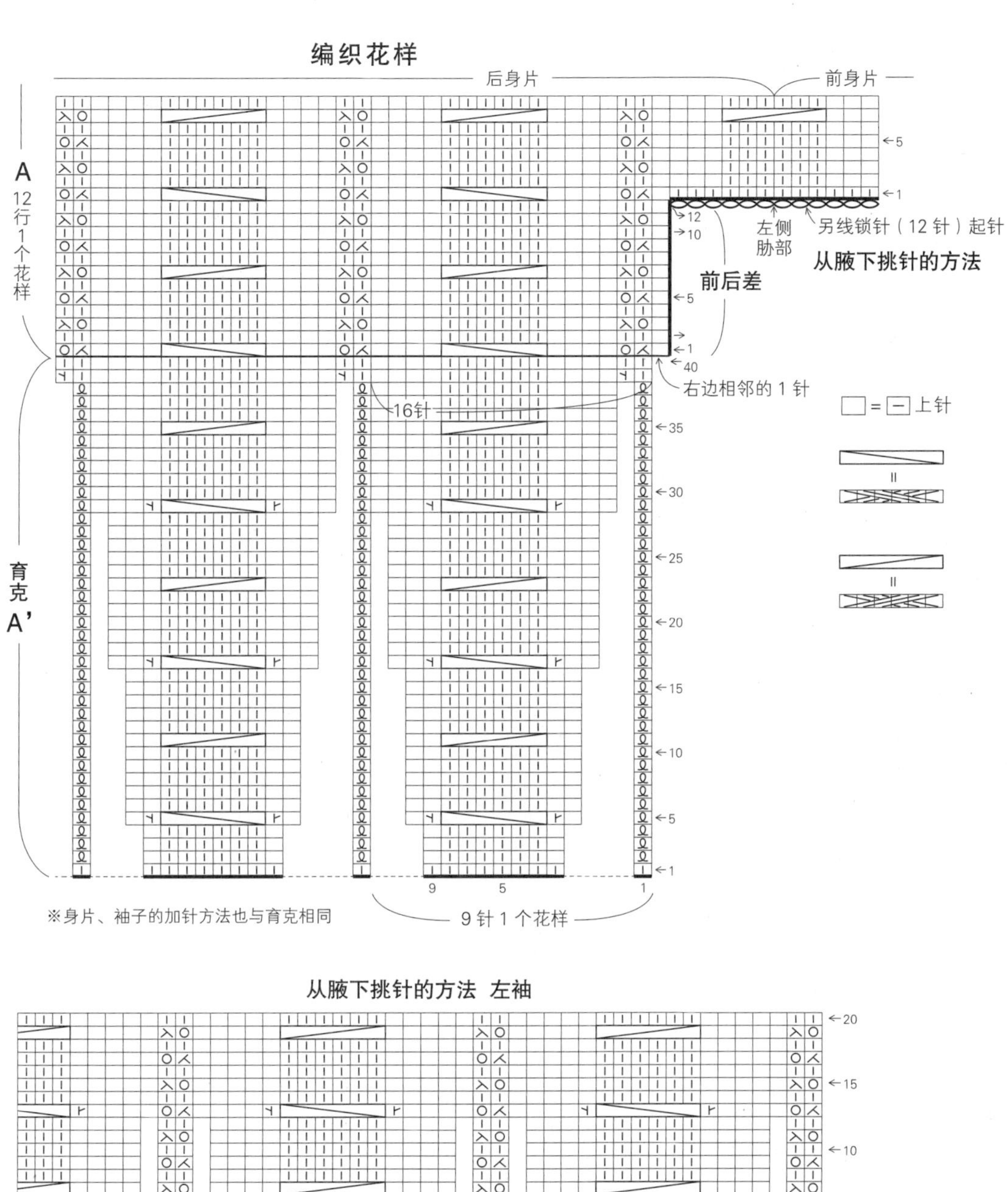
编织花样
后身片
前身片
A
12行1个花样
育克
A'
←5
←1
→12
→10
←5
←1
←40
左侧胁部
另线锁针（12针）起针
从腋下挑针的方法
前后差
右边相邻的1针
16针
←35
←30
←25
←20
←15
←10
←5
←1
9
5
1
9针1个花样
= 上针
※身片、袖子的加针方法也与育克相同

从腋下挑针的方法 左袖

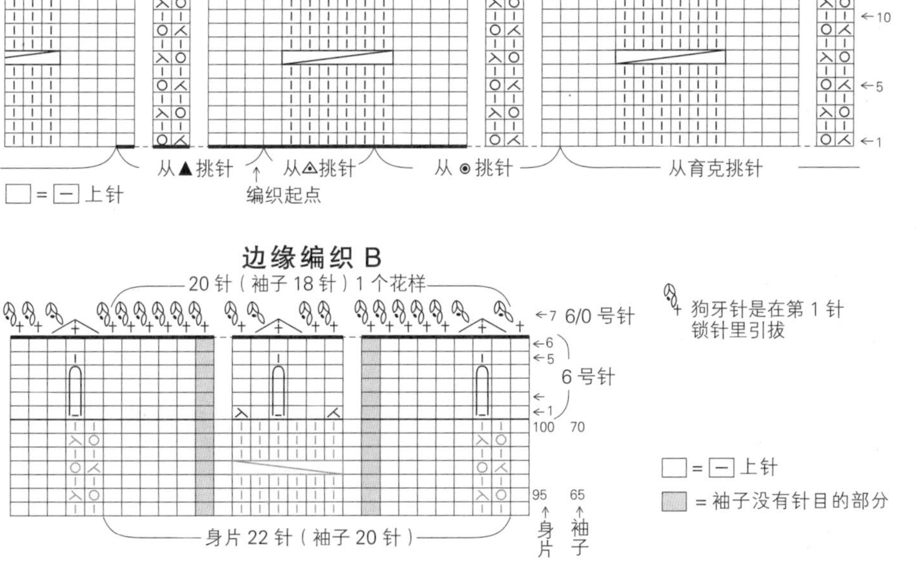
←20
←15
←10
←5
←1
从▲挑针
从◬挑针
从◉挑针
从育克挑针
编织起点
= 上针
边缘编织B
20针（袖子18针）1个花样
←7 6/0号针
←6
←5
6号针
←1
100 70
95 65
身片
袖子
身片22针（袖子20针）
狗牙针是在第1针锁针里引拔
= 上针
= 袖子没有针目的部分

15 4色条纹花样圆育克毛衣 图片 p.42

〈材料和工具〉

●用线　和麻纳卡 Flax K〈Lame〉浅紫色（603）90g/4团，浅蓝色（606）、黄色（605）各80g/各4团，原白色（601）70g/3团

●用针　棒针6号、4号

〈成品尺寸〉胸围94cm，衣长57cm，连肩袖长36cm

〈编织密度〉10cm×10cm面积内：条纹花样23针，30行

〈编织要点〉

编织花样…整体按条纹花样编织，一共使用4种颜色，每2行换色。因为是在编织起点位置纵向渡线，所以渡线时稍微松一点，以免拉得太紧。育克…另线锁针起针，如图所示一边均匀加针一边按条纹花样编织。身片…从育克接着在后身片编织前后差，再从腋下挑针，编织前、后身片。下摆编织结束时，做扭针的单罗纹针收针。袖口…从育克、腋下、前后差上挑针，编织扭针的单罗纹针。衣领…解开另线锁针挑针，编织扭针的单罗纹针。

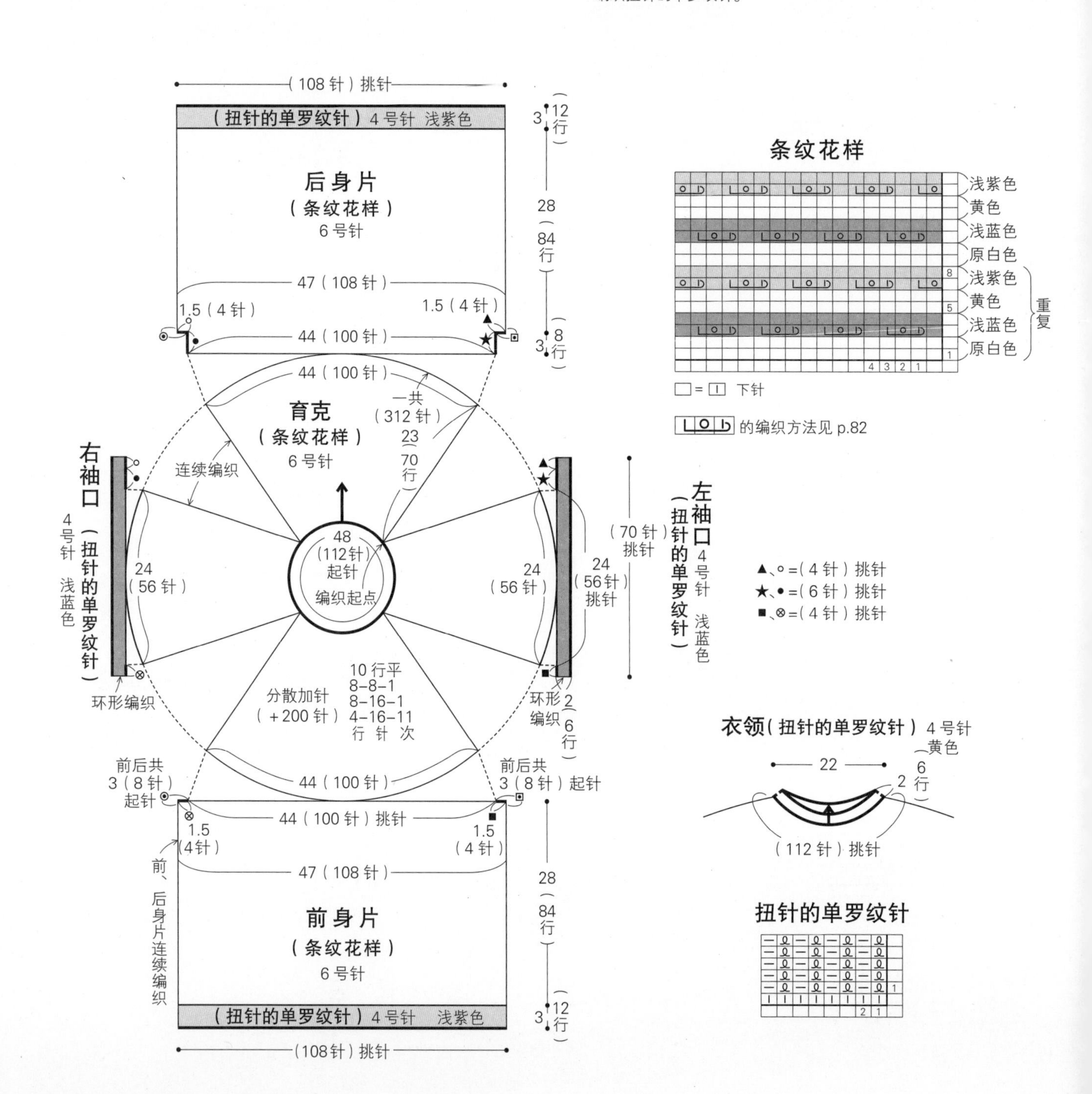

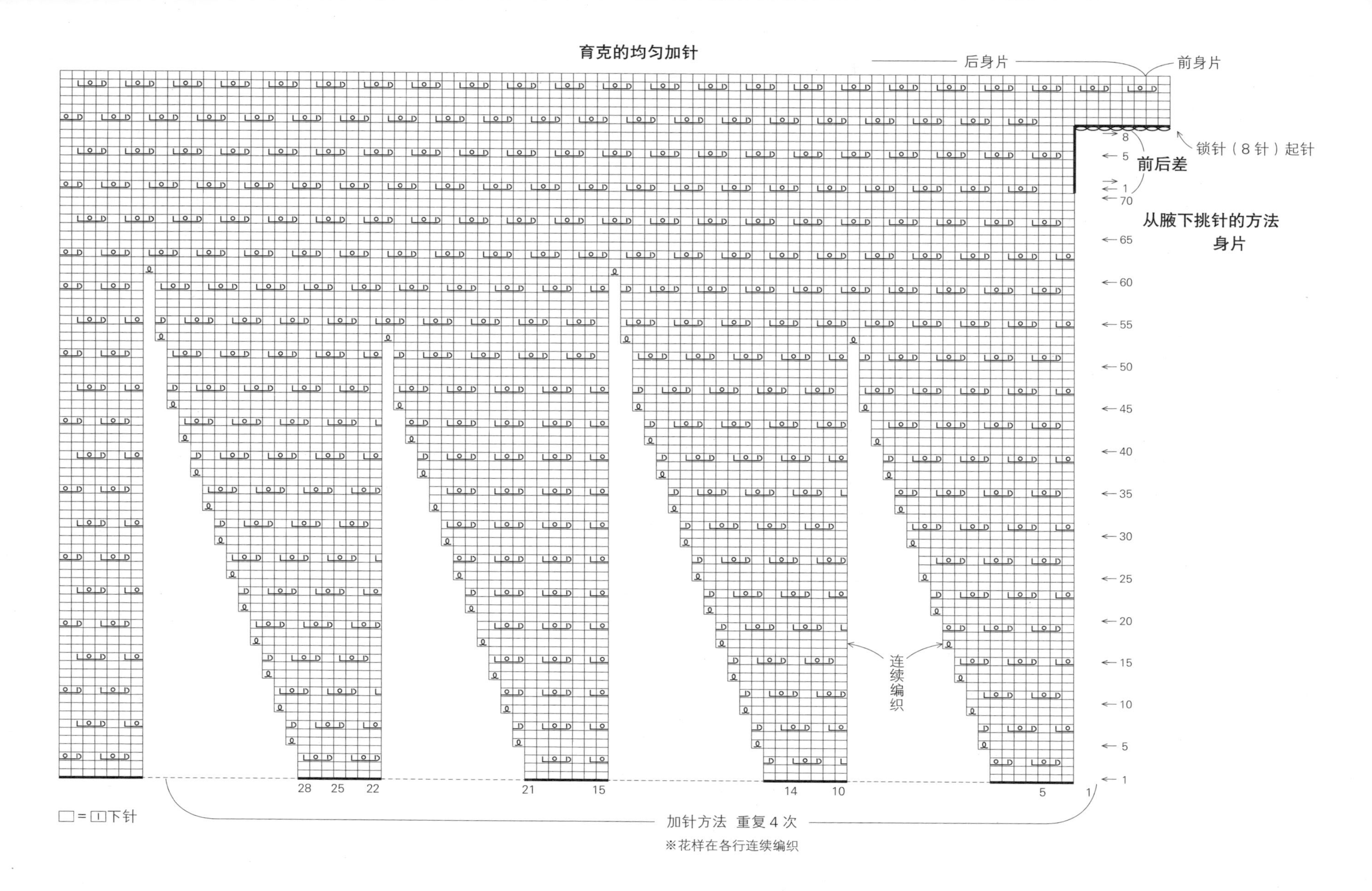

育克的均匀加针
后身片
前身片
锁针（8针）起针
前后差
从腋下挑针的方法
身片
连续编织
□ = □下针
加针方法 重复 4 次
※花样在各行连续编织

19 花样简约的交襟开衫 图片 p.46

〈材料和工具〉

●用线　和麻纳卡 Flax K 灰紫色（15）330g/14团

●用针　钩针5/0号

〈成品尺寸〉胸围均码，衣长54cm，连肩袖长30cm

〈编织密度〉编织花样 10cm16针，1个花样6行6cm

〈编织要点〉

育克…在领窝锁针起针，从锁针的里山挑针，参照图1和图2翻转正、反面往返编织，然后休针备用。身片…在后身片加线编织前后差，接着在右侧腋下钩6针锁针，连接到育克的指定位置后将线剪断。在左侧腋下加入新线钩6针锁针。用刚才暂停编织的线从左前身片向腋下、后身片、腋下、右前身片连续编织。在前身片做领窝的加针。下摆钩织2行短针调整形状。袖口…从育克、腋下和前后差上挑针编织。组合…将衣领和前门襟连起来钩织3行短针。前门襟在挑针时，从短针上各挑1针，从斜线部分的长长针上各挑4针，从直线部分的长长针上各挑3针。在指定位置缝上2条细绳，将前片内襟的细绳从针目之间的空隙里穿至正面系好。

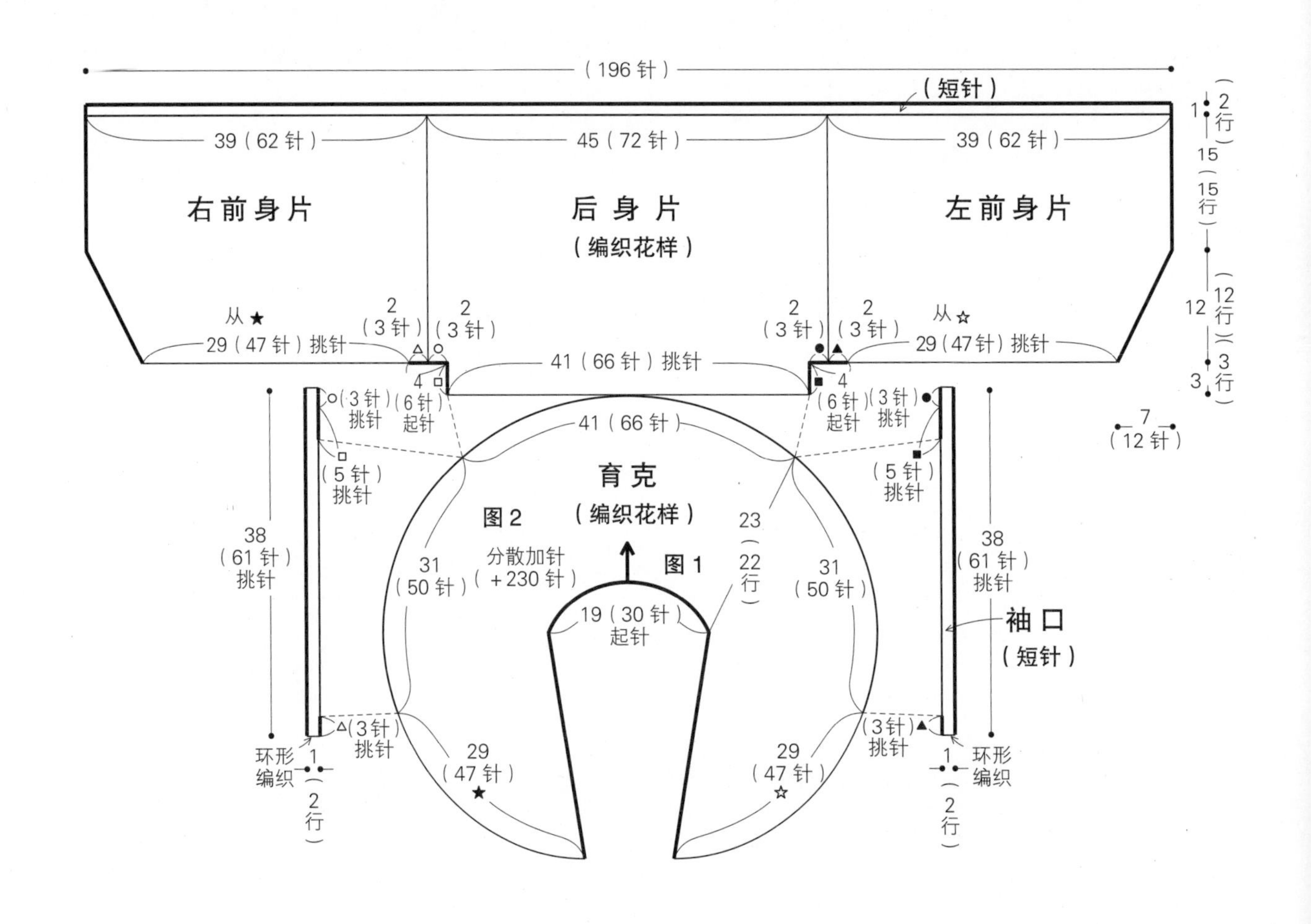

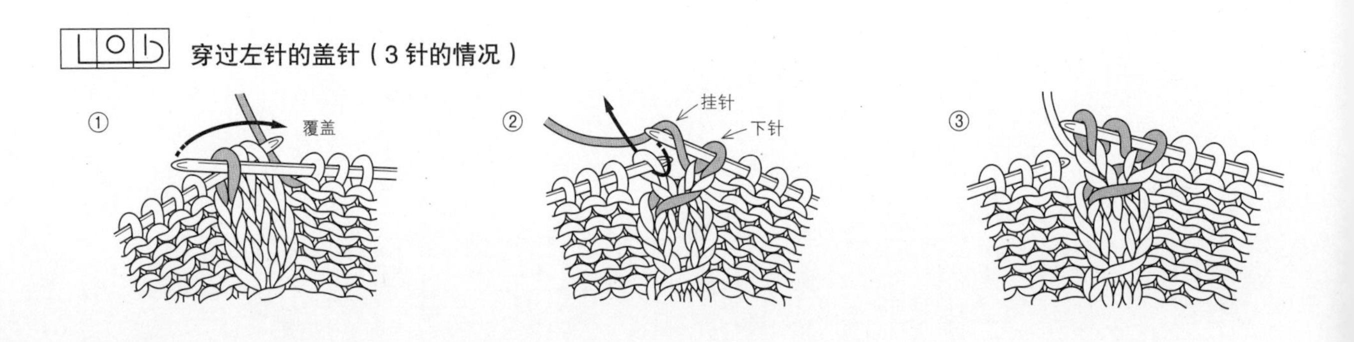

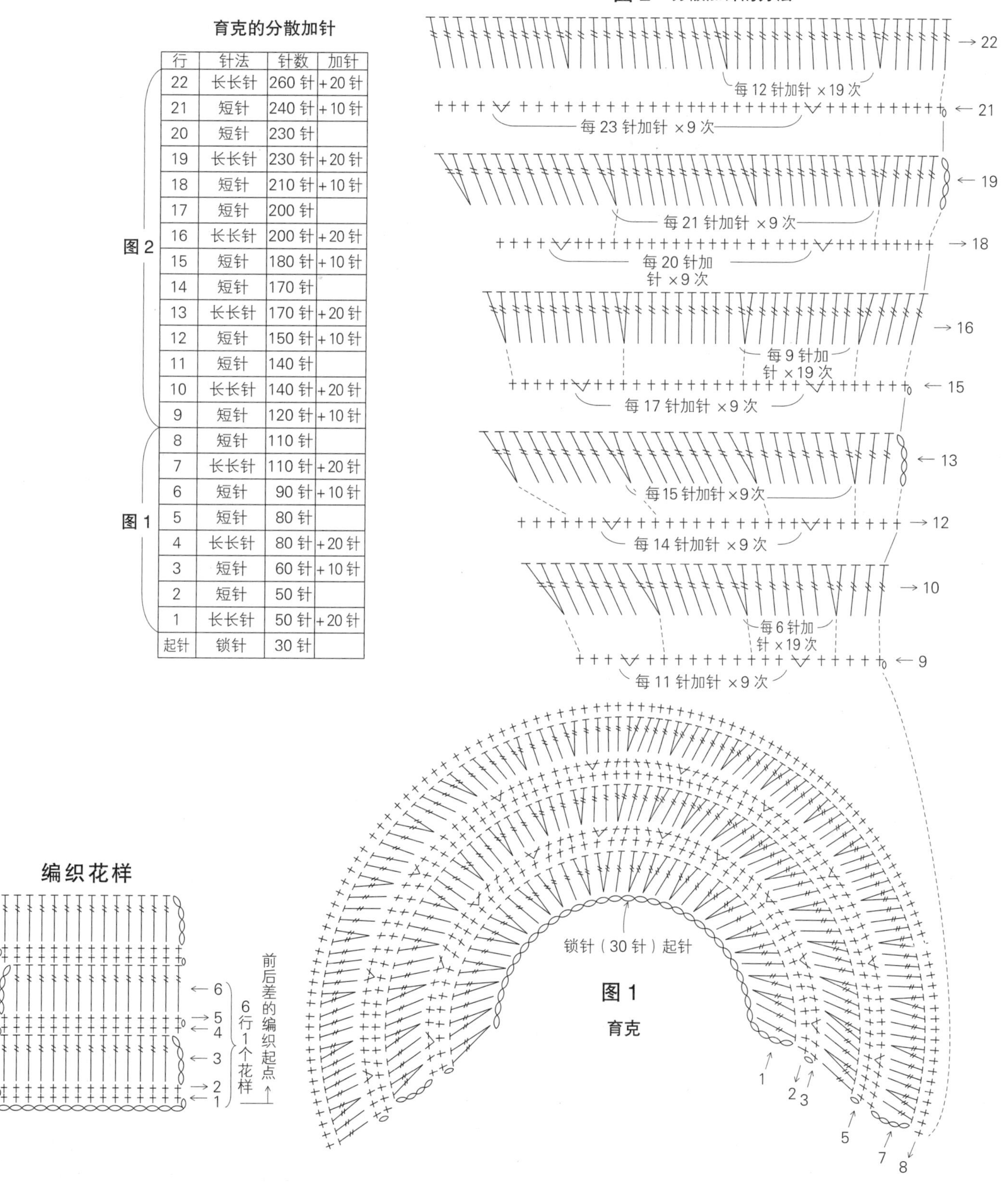

育克的分散加针

	行	针法	针数	加针
图2	22	长长针	260 针	+20 针
	21	短针	240 针	+10 针
	20	短针	230 针	
	19	长长针	230 针	+20 针
	18	短针	210 针	+10 针
	17	短针	200 针	
	16	长长针	200 针	+20 针
	15	短针	180 针	+10 针
	14	短针	170 针	
	13	长长针	170 针	+20 针
	12	短针	150 针	+10 针
	11	短针	140 针	
	10	长长针	140 针	+20 针
	9	短针	120 针	+10 针
图1	8	短针	110 针	
	7	长长针	110 针	+20 针
	6	短针	90 针	+10 针
	5	短针	80 针	
	4	长长针	80 针	+20 针
	3	短针	60 针	+10 针
	2	短针	50 针	
	1	长长针	50 针	+20 针
	起针	锁针	30 针	

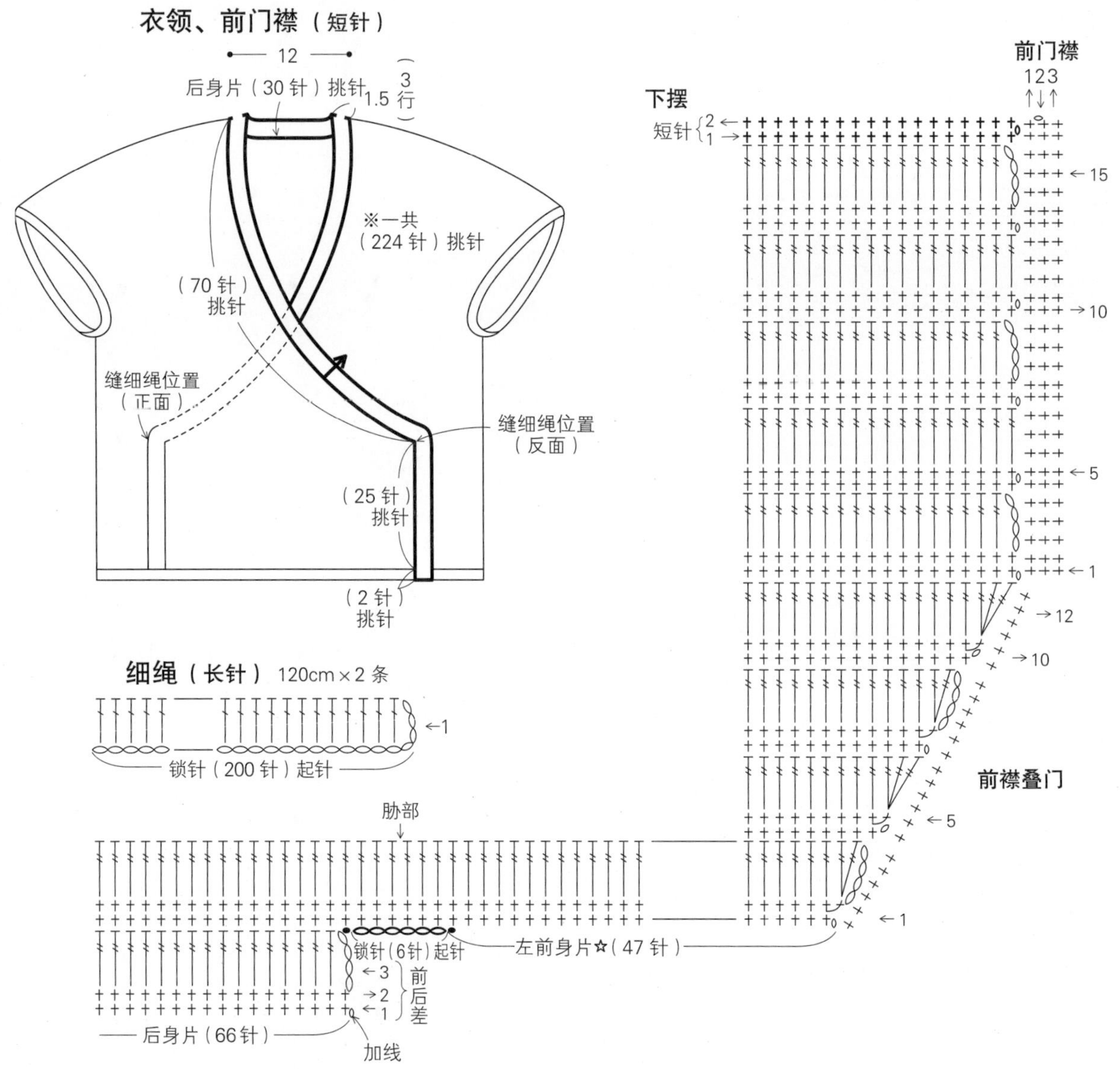

衣领、前门襟（短针）
12
后身片（30针）挑针
1.5（3行）
※一共（224针）挑针
（70针）挑针
缝细绳位置（正面）
缝细绳位置（反面）
（25针）挑针
（2针）挑针
细绳（长针）120cm×2条
←1
锁针（200针）起针
前门襟
123
下摆
短针{2←
1→
←15
→10
←5
←1
→12
→10
前襟叠门
←5
←1
胁部
锁针（6针）起针
左前身片☆（47针）
←3
→2
←1
前后差
后身片（66针）
加线

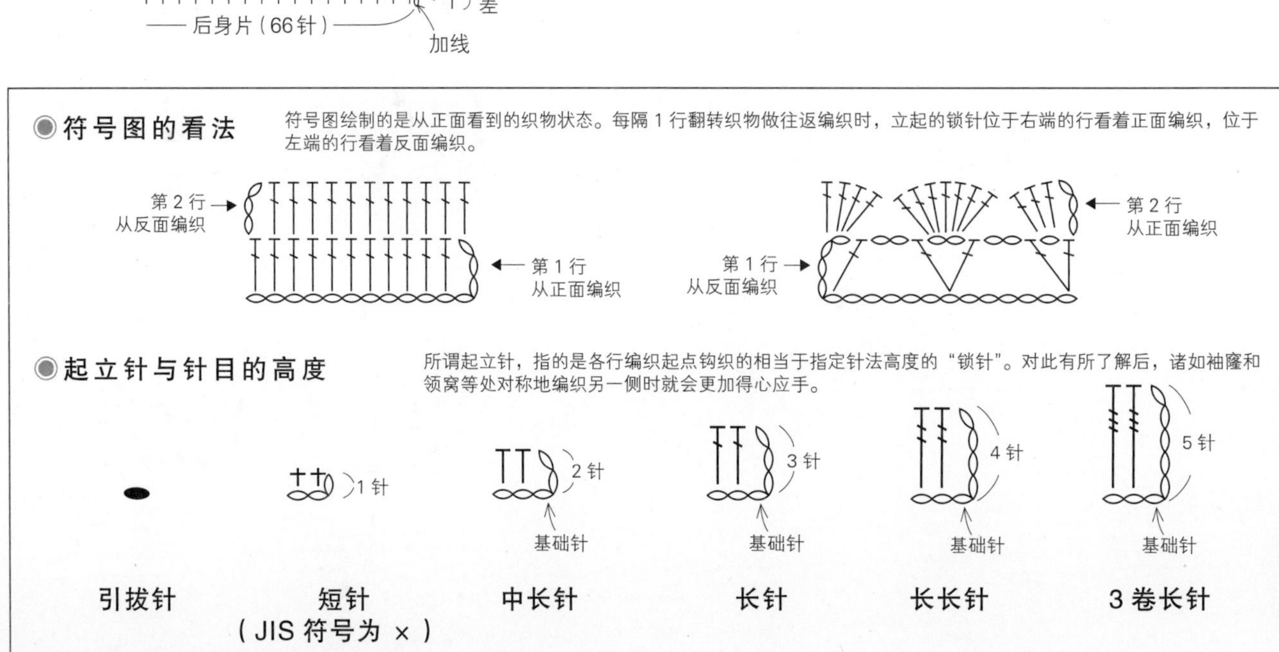

◉符号图的看法
符号图绘制的是从正面看到的织物状态。每隔1行翻转织物做往返编织时，立起的锁针位于右端的行看着正面编织，位于左端的行看着反面编织。
第2行→从反面编织
←第1行 从正面编织
第1行→从反面编织
←第2行 从正面编织
◉起立针与针目的高度
所谓起立针，指的是各行编织起点钩织的相当于指定针法高度的“锁针”。对此有所了解后，诸如袖窿和领窝等处对称地编织另一侧时就会更加得心应手。
1针
2针
3针
4针
5针
基础针
基础针
基础针
基础针
引拔针
短针（JIS符号为×）
中长针
长针
长长针
3卷长针

17 扇形花样圆育克毛衣 图片 p.44

〈材料和工具〉

●用线　和麻纳卡 Flax C〈Lame〉浅黄色（507）260g/11团

●用针　钩针3/0号

〈成品尺寸〉胸围90cm，衣长52cm，连肩袖长49cm

〈编织密度〉编织花样B的1个花样5cm，10cm16行

〈编织要点〉

育克…在领窝锁针起针后连接成环形，从锁针的半针和里山2根线里挑针，按编织花样A编织。身片…在后身片按编织花样B编织前后差，注意扇形花样要与育克中编织花样A的扇形花样呈连续状态。在腋下另线锁针起针，在腋下中心加线并从锁针上挑针，将前、后身片连起来环形编织。下摆按编织花样A'编织，注意扇形花样保持连续状态。袖子…翻转正、反面往返编织，后面再缝合袖下。在腋下中心加线，如图所示一边在袖下减针一边按编织花样B编织，继续编织至袖口。袖下钩引拔针和锁针缝合。衣领…从育克的1个花样6针里各挑取5针，编织边缘。

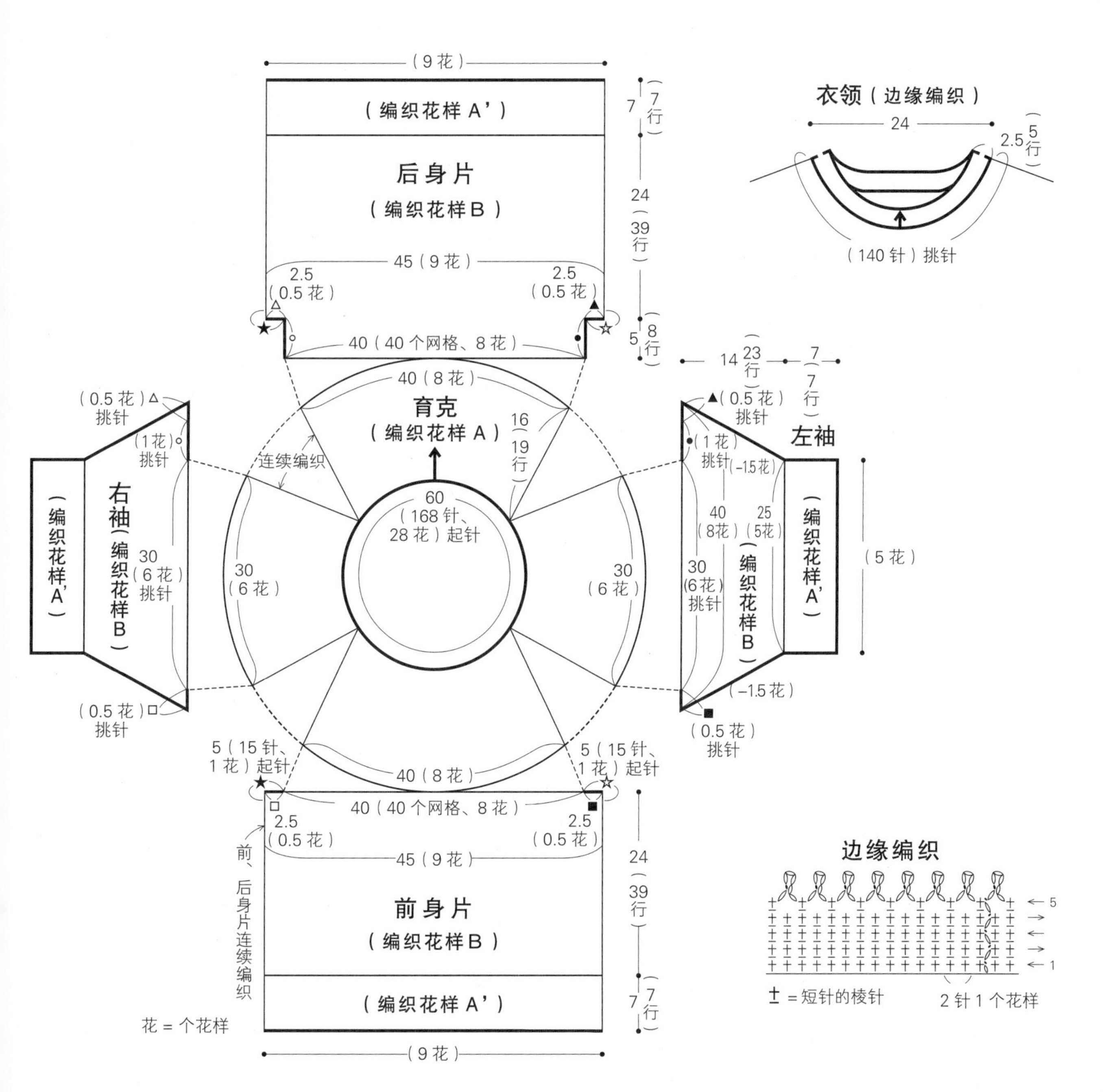

编织花样 A

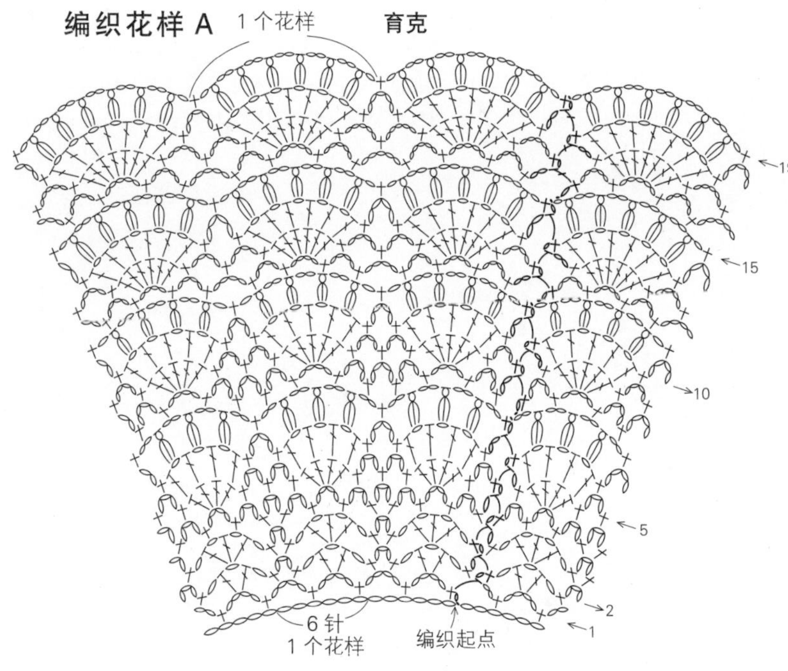

编织花样 B

→ 4
→ 3
→ 2
→ 1
4 行 1 个花样

1 个网格　15 针 1 个花样

腋下的编织方法

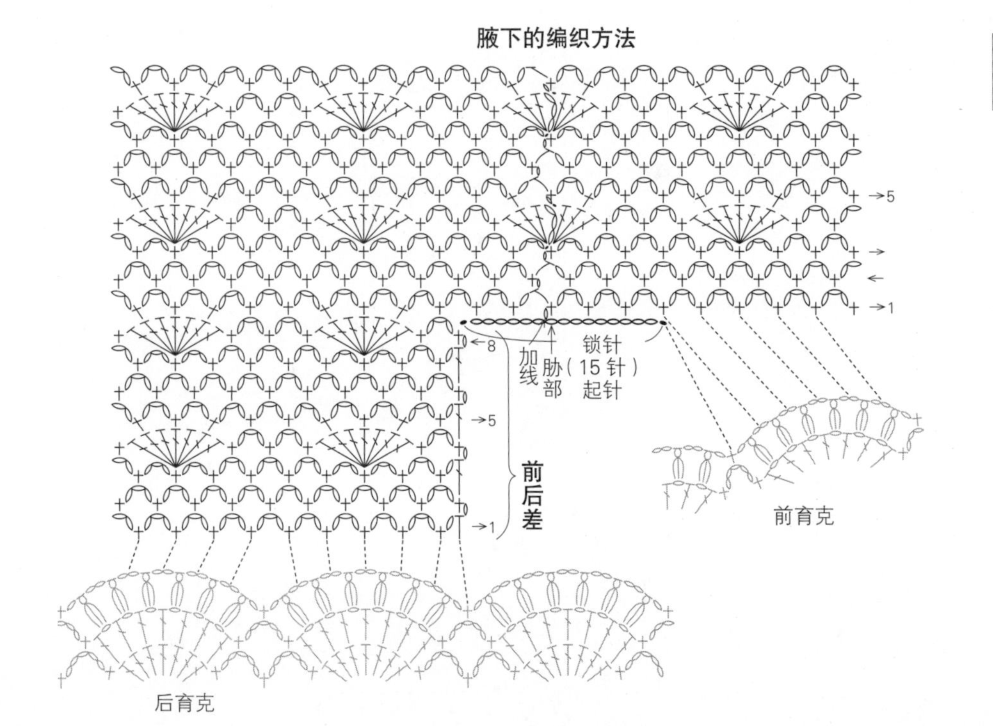

变化的 3 针中长针的枣形针

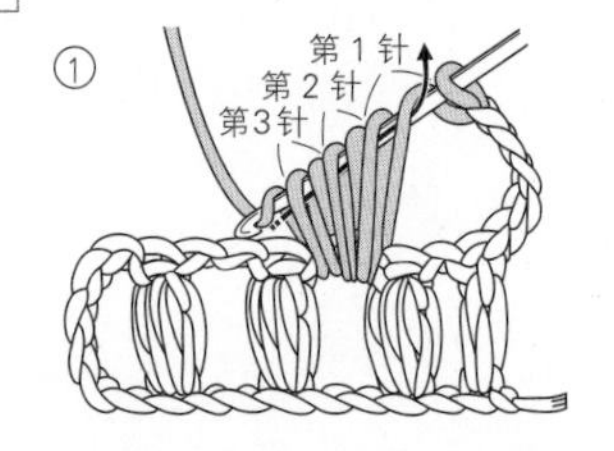

钩 3 针未完成的中长针，将线从 6 个线圈中拉出。

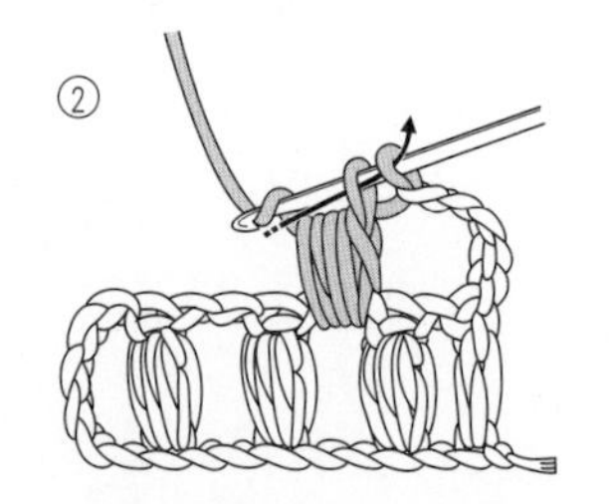

挂线，引拔穿过 2 个线圈。

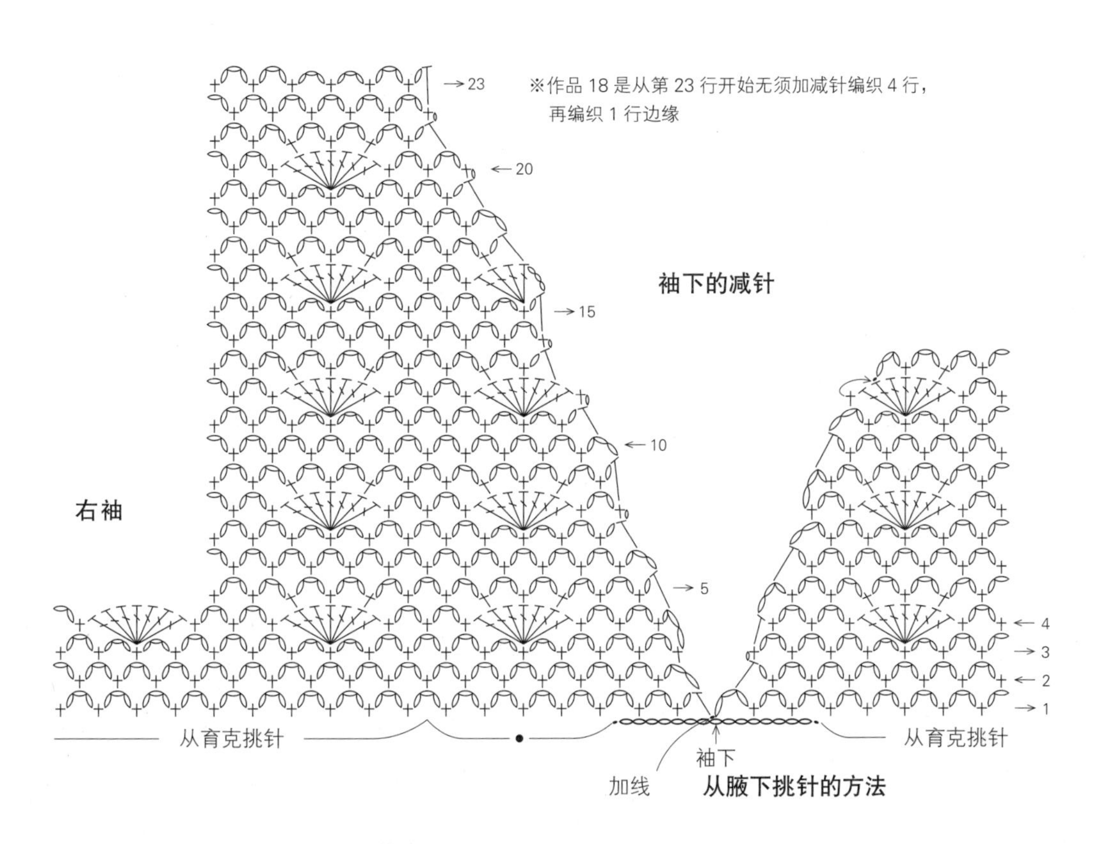
※作品 18 是从第 23 行开始无须加减针编织 4 行，
再编织 1 行边缘
袖下的减针
右袖
23
20
15
10
5
4
3
2
1
从育克挑针
从育克挑针
袖下
加线
从腋下挑针的方法

编织花样 A' 下摆

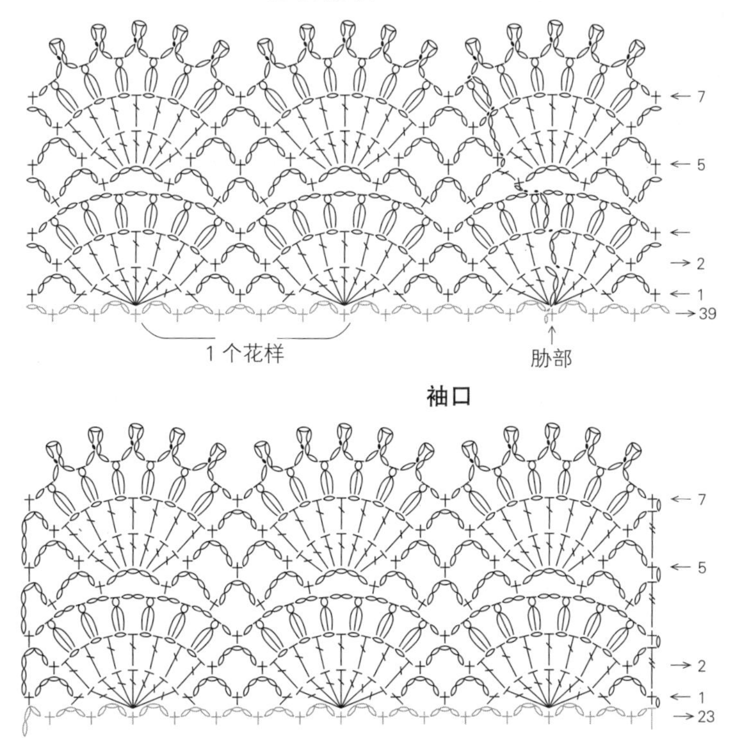
7
5
2
1
39
1 个花样
胁部
袖口
7
5
2
1
23

18 扇形花样插肩袖毛衣 图片 p.45

〈材料和工具〉

●用线　和麻纳卡 Flax C〈Lame〉粉米色（508）260g/11团

●用针　钩针3/0号

〈成品尺寸〉胸围90cm，衣长55.5cm，连肩袖长47cm

〈编织密度〉编织花样B的1个花样5cm，10cm16行

〈编织要点〉

育克…在领窝锁针起针后连接成环形，从锁针的半针和里山挑针，按编织花样A编织。插肩线的加针如图所示，通过放大花样加针。身片…按与作品17相同的要领编织，不过要加长胁边，下摆按边缘编织A编织。袖子…按与作品17相同的要领编织，从第23行开始无须加减针编织4行，袖口按边缘编织A编织。衣领…按边缘编织B编织，在编织第3行的网格针时减针。

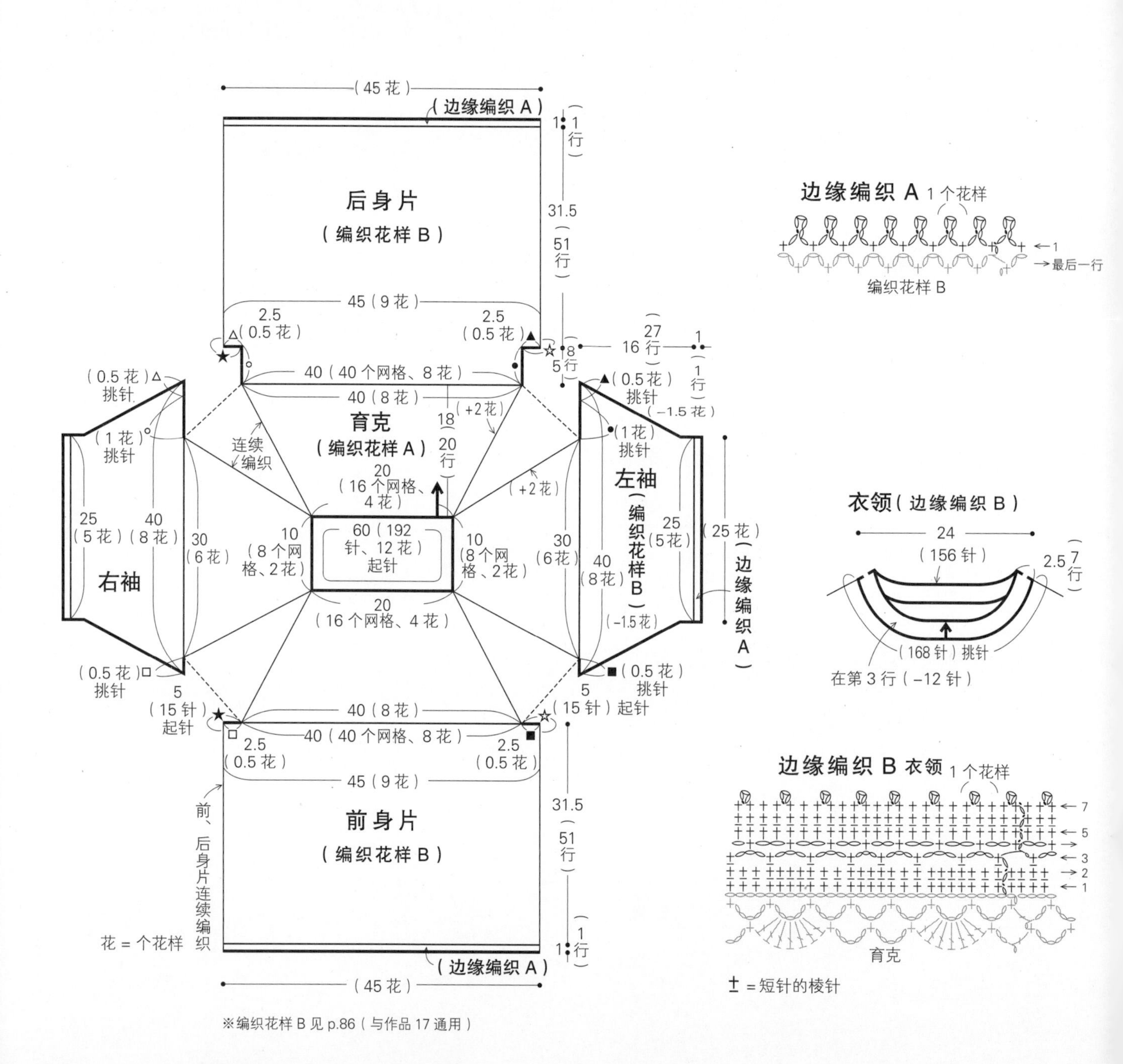

※编织花样B见p.86（与作品17通用）

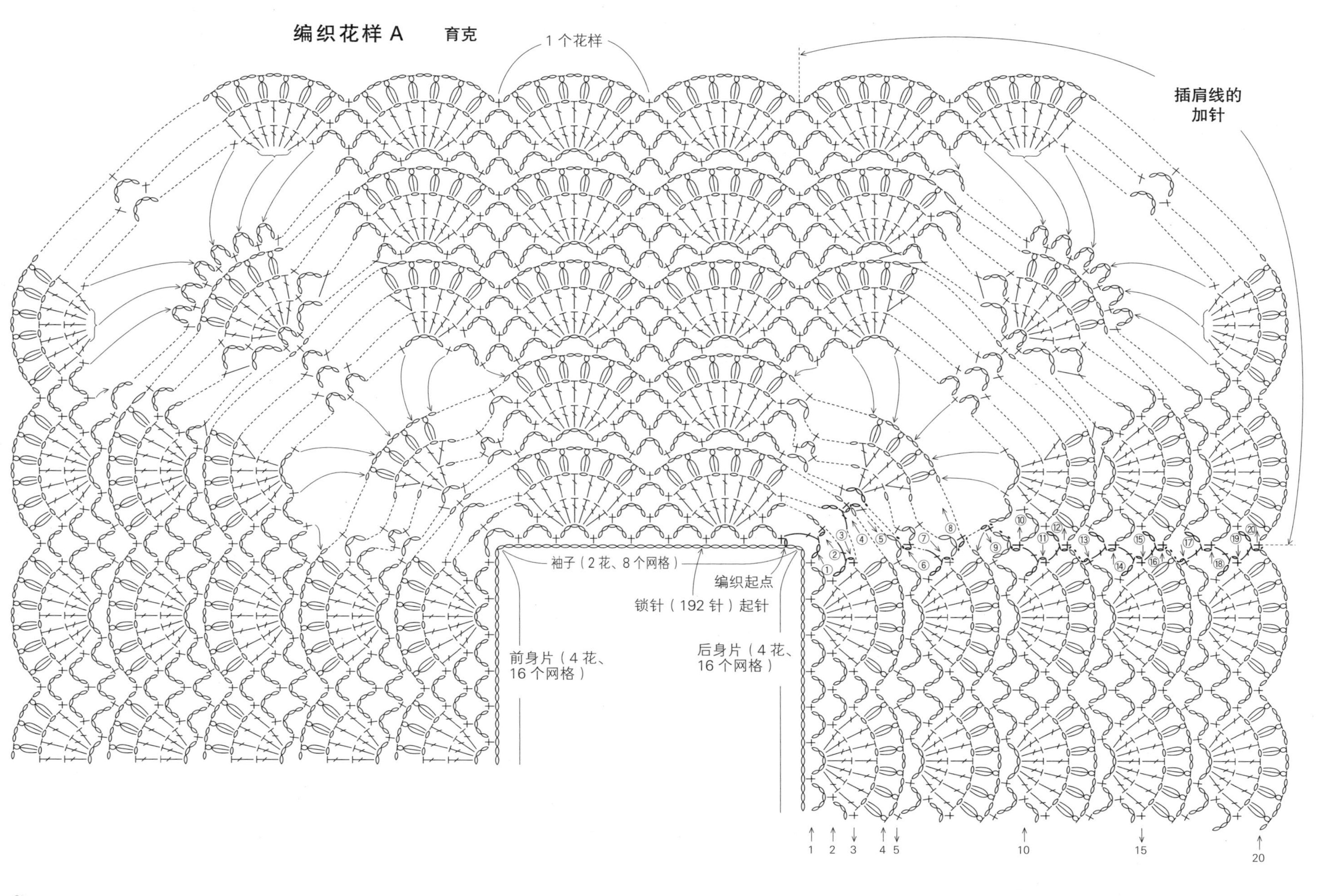

编织花样 A 育克
1 个花样
插肩线的
加针
袖子（2 花、8 个网格）
编织起点
锁针（192 针）起针
前身片（4 花、
16 个网格）
后身片（4 花、
16 个网格）
1
2
3
4
5
10
15
20

20 小菠萝花样圆育克毛衣 图片 p.47

〈材料和工具〉

●用线　和麻纳卡 Brillian 原白色（2）300g/8团

●用针　钩针4/0号

〈成品尺寸〉 胸围90cm，衣长51cm，连肩袖长50cm

〈编织密度〉 编织花样A的1个花样5cm，10cm 11.5行

〈编织要点〉

育克…在领窝锁针起针后连接成环形，从锁针的里山挑针，按编织花样A'编织。因为这件作品的育克比较短，所以前后差和腋下要加长放宽一点。身片…从育克接着在后身片按编织花样A编织7行前后差，然后在右侧腋下钩35针锁针连接到育克，将线剪断。在左侧腋下加入新线编织。在腋下的指定位置加线，环形编织前、后身片。再在下摆编织边缘。袖子…在腋下的指定位置加线，从育克和前后差上挑针，按编织花样A编织。一边在袖下减针一边编织。衣领…从育克的1个花样8针里各挑取6针，编织边缘。

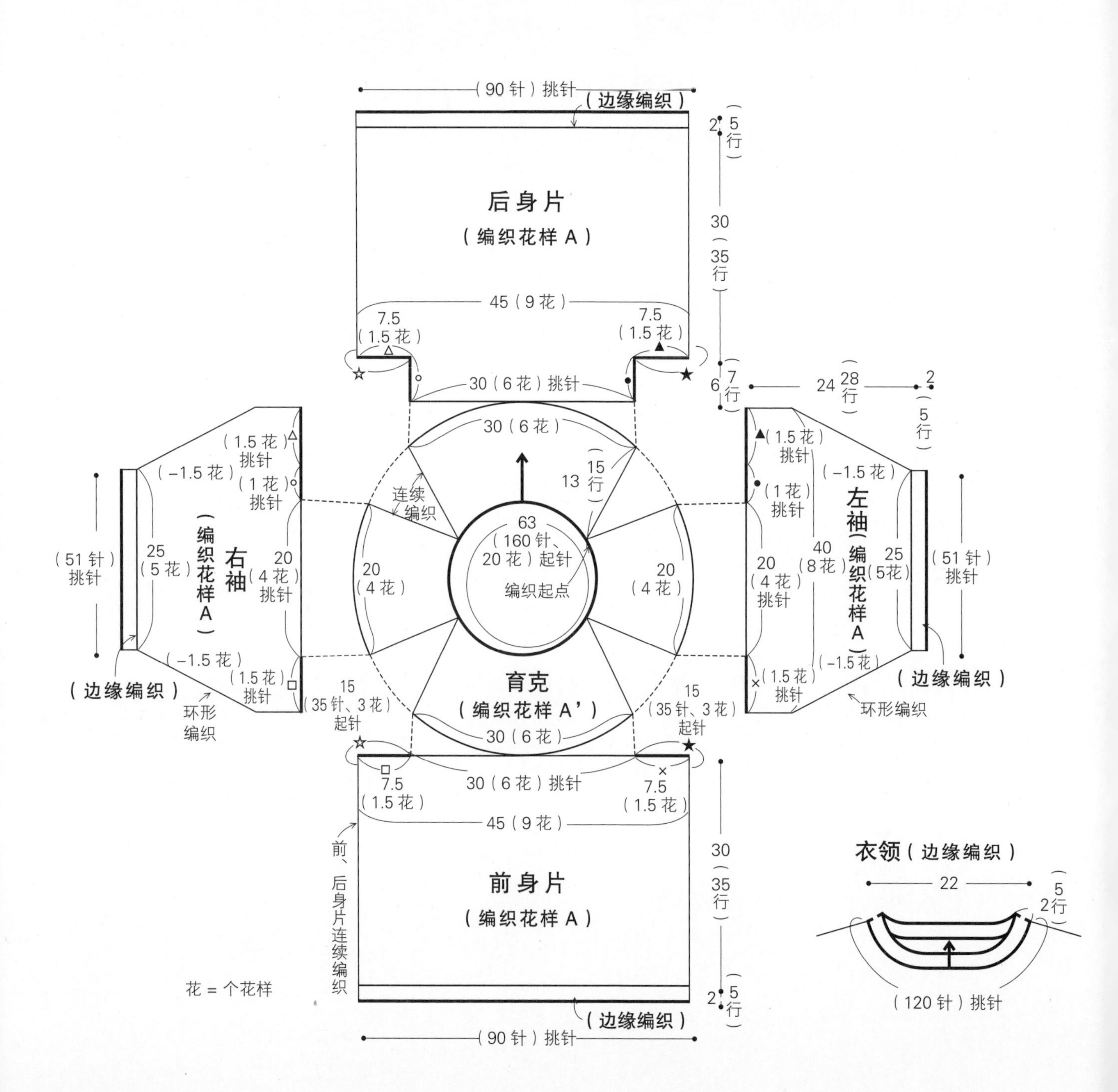

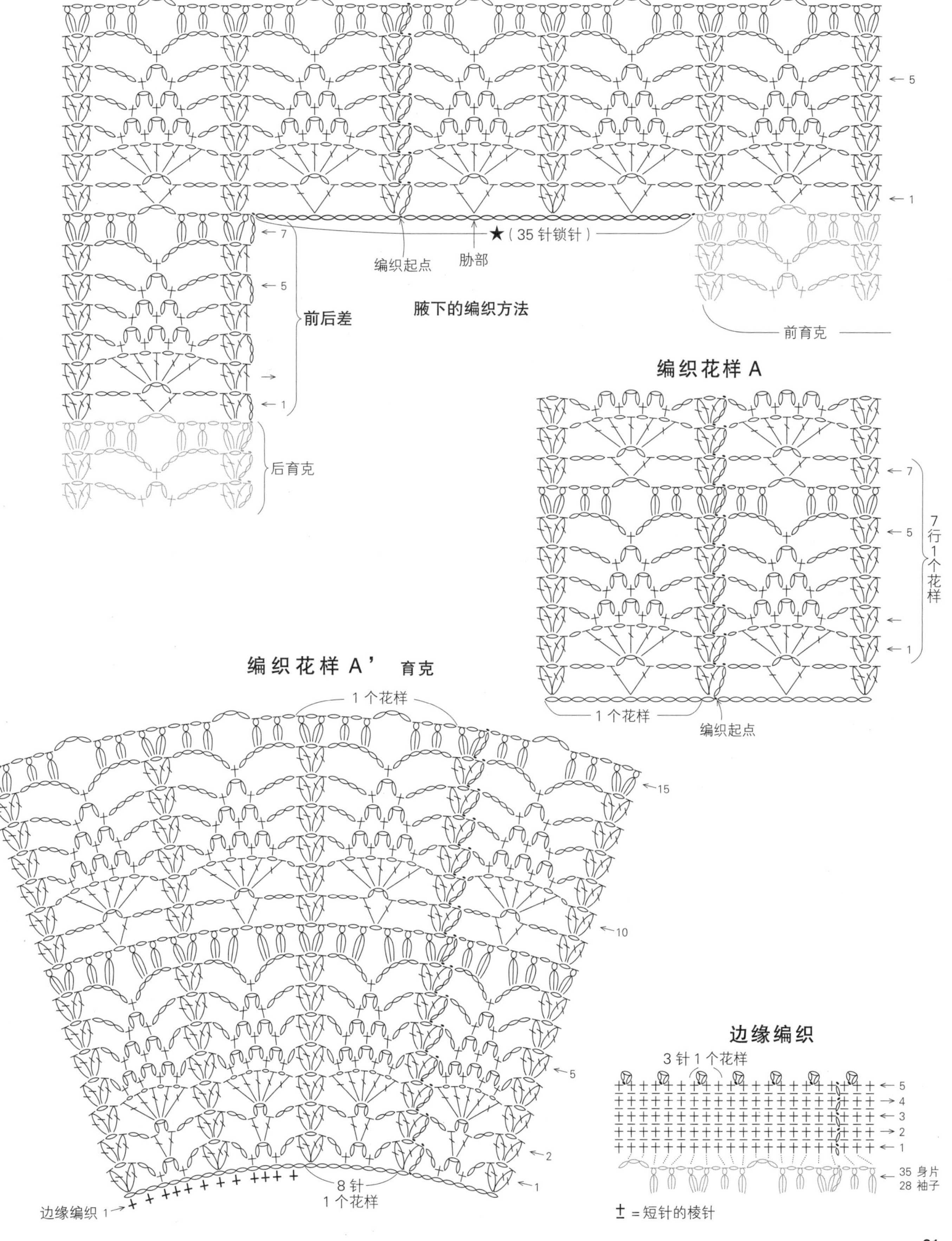

★（35 针锁针）
编织起点
肋部
腋下的编织方法
前后差
后育克
前育克
编织花样 A
7行1个花样
1 个花样
编织起点
编织花样 A' 育克
1 个花样
8 针
1 个花样
边缘编织 1
边缘编织
3 针 1 个花样
35 身片
28 袖子
± = 短针的棱针

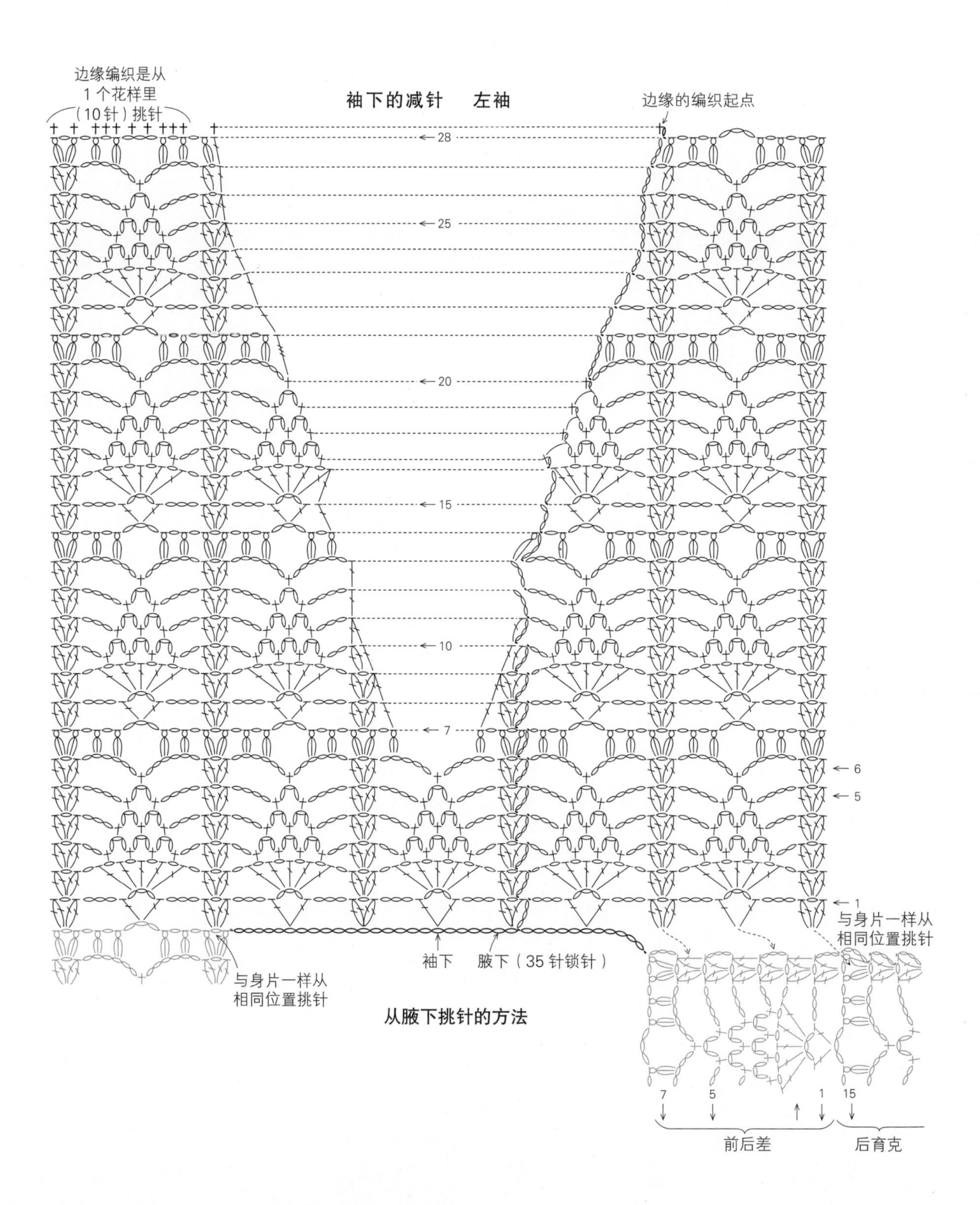
边缘编织是从
1个花样里
（10针）挑针
袖下的减针　左袖
边缘的编织起点
28
25
20
15
10
7
6
5
1
与身片一样从
相同位置挑针
袖下
腋下（35针锁针）
与身片一样从
相同位置挑针
7
5
1
15
前后差
后育克

从腋下挑针的方法

16 镂空花样插肩袖开衫 图片 p.43

〈材料和工具〉

●用线　和麻纳卡 Wash Cotton 原白色（2）350g/9团

●用针　棒针6号，钩针4/0号

●其他　直径2.3cm的纽扣1颗

〈成品尺寸〉胸围95cm，衣长50.5cm，连肩袖长45.5cm

〈编织密度〉10cm×10cm面积内：下针编织23针，编织花样A 27针，均为28行

〈编织要点〉

育克…另线锁针起针，按下针、编织花样A和B编织。编织花样B的插肩线部位在两侧做卷针加针。身片…在后身片编织前后差，腋下钩2条12针的另线锁针备用。从另线锁针上挑针制作腋下针目，将前、后身片连起来编织。胁部立起中心的2针做卷针加针，下摆编织起伏针。结束时从反面做伏针收针。袖子…从育克、腋下和前后差上挑针环形编织，袖口编织起伏针，结束时做上针的伏针收针。组合…按前门襟、衣领的顺序编织起伏针，结束时从反面做伏针收针。在衣领的右端编织扣襻。

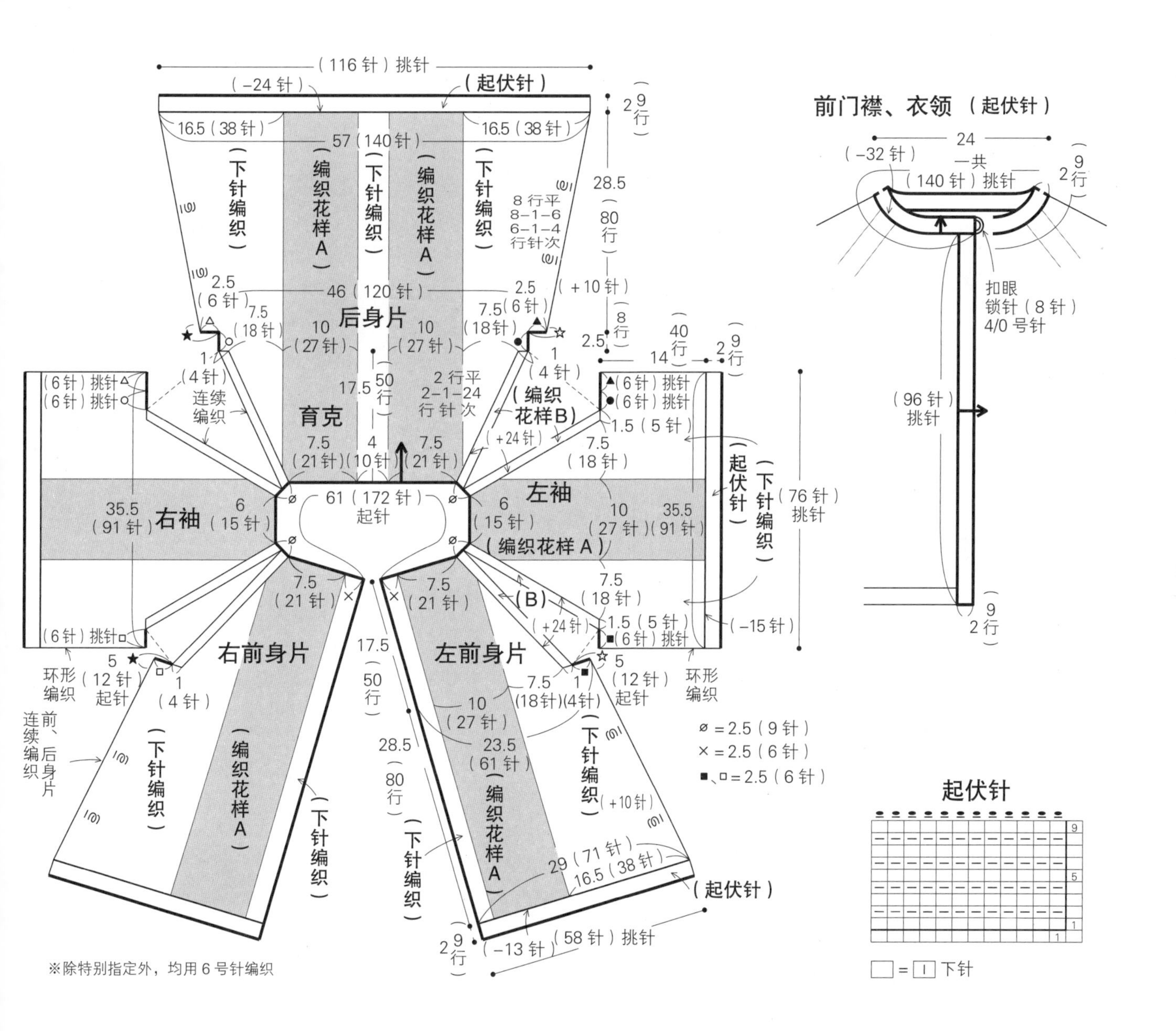

※除特别指定外，均用6号针编织

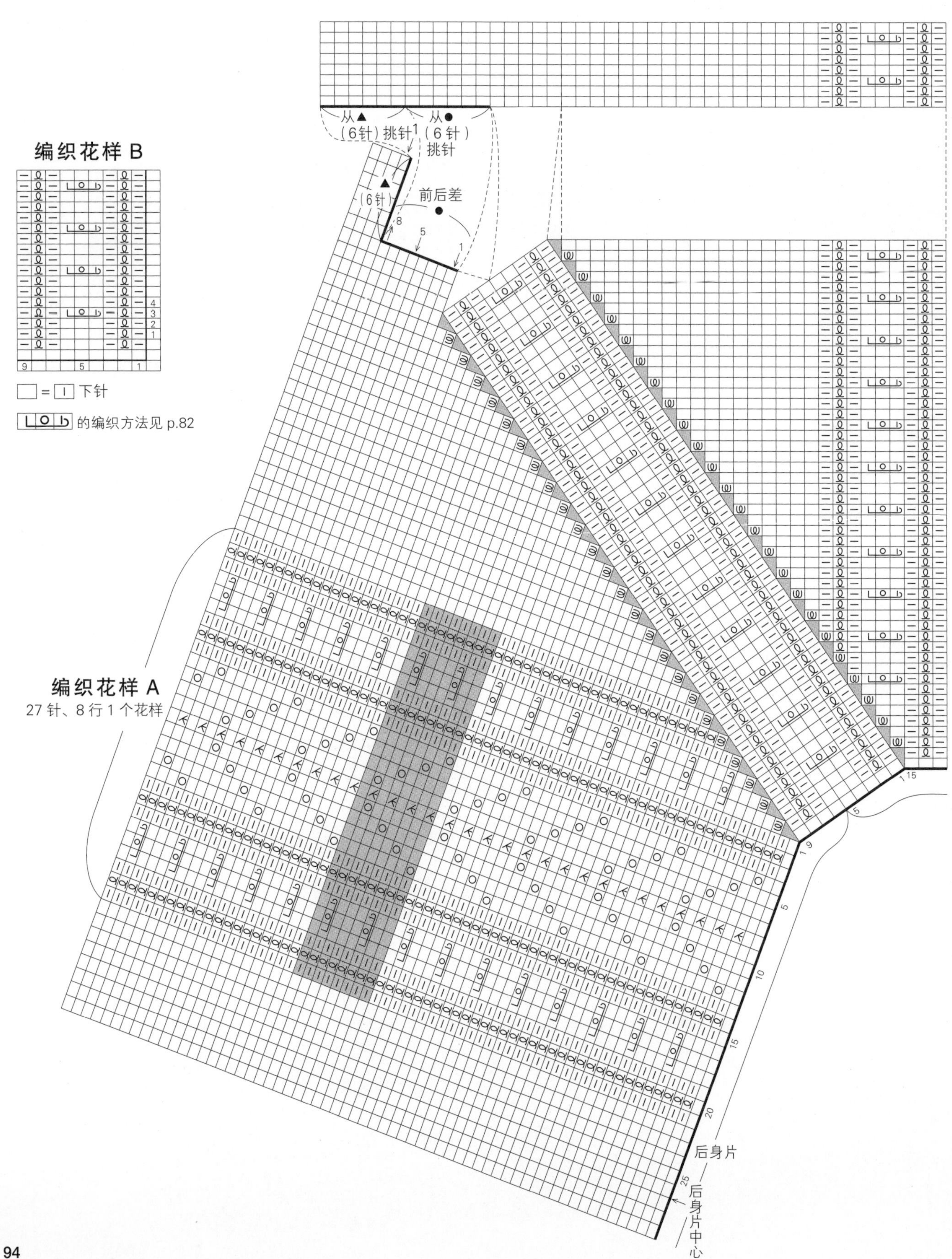

从▲
（6针）挑针
从●
（6针）
挑针
▲
（6针）
前后差
●
8
5
1
编织花样 B
9
5
1
4
3
2
1
= 下针
的编织方法见 p.82
编织花样 A
27针、8行1个花样
15
5
1
9
5
10
15
20
后身片
25
后身片中心

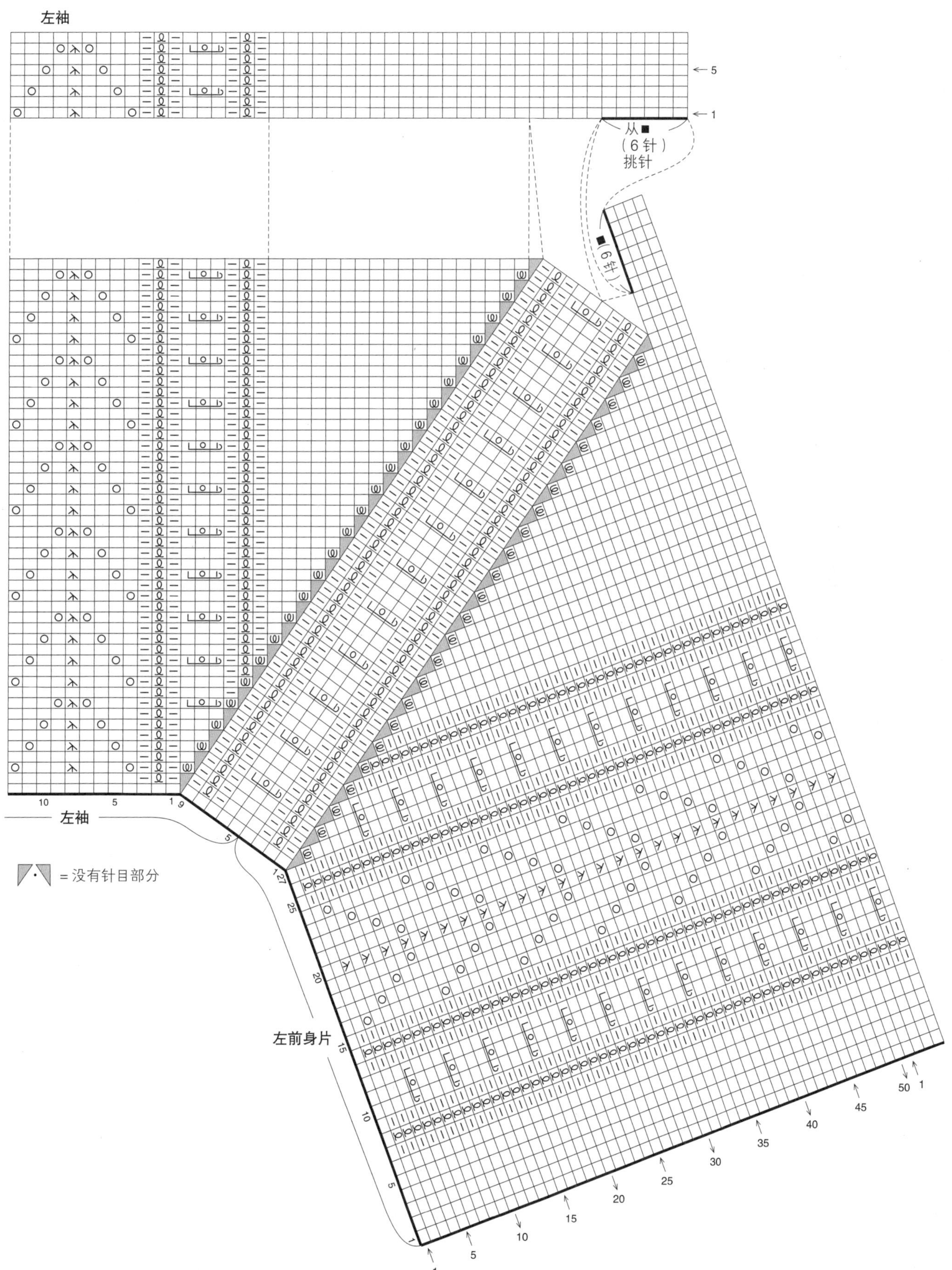

左袖
从■
（6针）
挑针
■（6针）
左袖
=没有针目部分
左前身片

Photographers: Noriaki Moriya
Original Japanese edition published in Japan by NIHON VOGUE Corp.
Simplified Chinese translation rights arranged with BEIJING BAOKU INTERNATIONAL CULTURAL DEVELOPMENT Co., Ltd.

备案号：豫著许可备字-2020-A-0188

作品设计：冈 真理子　冈本启子　河合真弓　岸 睦子　柴田 淳　武田敦子　林 久仁子　横山纯子　Ryo

图书在版编目（CIP）数据

从领口往下编织的四季毛衫 / 日本宝库社编著；蒋幼幼译. —郑州：河南科学技术出版社，2021.6
ISBN 978-7-5725-0407-5

Ⅰ. ①从…　Ⅱ. ①日…　②蒋…　Ⅲ. ①毛衣—编织—图集　Ⅳ. ①TS941.763-64

中国版本图书馆CIP数据核字(2021)第073104号

出版发行： 河南科学技术出版社
地址：郑州市郑东新区祥盛街 27 号　　邮编：450016
电话：（0371）65737028　65788613
网址：www.hnstp.cn
策划编辑： 刘　欣
责任编辑： 刘　瑞
责任校对： 余水秀
封面设计： 张　伟
责任印制： 张艳芳
印　　刷： 河南博雅彩印有限公司
经　　销： 全国新华书店
开　　本： 889 mm × 1 194 mm　1/16　**印张：** 6　**字数：** 150 千字
版　　次： 2021 年 6 月第 1 版　2021 年 6 月第 1 次印刷
定　　价： 49.00 元

如发现印、装质量问题，影响阅读，请与出版社联系并调换。